숲과 녹색문화

숲과 녹색문화

전영우 지음

수문출판사

책머리에

숲은 녹색이다. 녹색은 자연과 생명과 번영을 상징한다. 녹색문화란 인간과 자연이 화합하여 공존할 수 있는 환경에서 싹튼 희망의 문화를 뜻한다. 「숲과 녹색문화」를 상재하는 이유도 인간과 숲의 화합을 통해서 희망의 문화를 준비하자는 바람 때문이다.

지난 10년간 필자가 천착했던 일은 숲에 대한 새로운 해석이었다. 새로운 해석이란 문화의 창으로 숲을 바라보는 일을 말한다. 사실 이 일은 쉬운 일이 아니었다. 무엇을 어떻게 해야할지 막연했다. 나무처럼 형체를 가졌거나 숲의 가치를 셈하는 일이 아니었기에 더욱 그랬다.

그러나 외로운 일은 아니었다. 뜻을 같이하는 동료들이 주변에 있었고, 숲과 관련 없는 많은 이들이 오히려 이 일에 관심과 격려를 아끼지 않았다. 동료들의 협력, 사회의 관심, 숲을 아끼는 많은 이들의 성원은 문화의 창으로 숲을 바라보는 일을 고통스럽기보다는 재미있고 신나는 일로 만들었다.

남다른 생각으로 숲을 바라본 덕분에 다양한 경험도 할 수 있었다. 글쓰기의 즐거움도 그 하나이다. 지난 10년 동안 한눈팔지 않고 이 일에 천착할 수 있었던 이유나 이 책을 포함하여 몇 권이 책들이 버젓하게 세상에 얼굴을 내밀 수 있었던 이유도 이런 재미와 신바람과 즐거움 덕분일 것이다.

숲과 사람이 이 책의 주인공이다. 그러나 이 책은 숲과 사람사이의 투쟁사보다는 화합과 공존과 상생의 가능성에 초점을 맞추고 있다. 따라서 이 책은 문화의 창으로 숲을 헤쳐온 10년 세월의 여정을 정리하고 있다. 그 여정은 현재와 과거와 미래를 넘나들고 있으며, 문학과 예술의 언저리도 기웃거리고 있다. 또한 이 땅은 물론이고, 미국, 캐나다, 독일, 일본까지도 그 여정에 포함시키고 있다. 더불어 지난 세월을 헤쳐온 한 산림문화 기획자의 개인적 감회도 실려있다. 살면서 만든 다양한 무늬는 한 사람의 인문적 흔적과 다르지 않기에 감히 함께 수록할 생각을 했다.

어려운 출판 여건에 아담한 책으로 꾸밀 수 있는 기회를 준 수문출판사 이수용 사장님, 꼼꼼하게 교열을 챙겨준 조권운 국장님께 감사 드린다.

2002년 12월

목차

1. 문화 속의 숲, 숲 속의 문화

2. 숲과 사람의 공생

3. 숲에 녹아 있는 역사의 숨결

4. 사람과 숲의 상생

문화 속의 숲
숲 속의 문화

숲과 녹색심리학

녹지와 삶의 질에 대한 인과관계를 명확하게 밝히는 일은 쉽지 않다. 그러나 동일한 평수의 아파트 값이 숲을 비롯한 녹지의 조망권 여부에 따라 수천만 원에서 억대의 차이를 나타내고 있는 것이 우리들이 사는 수도권의 현실이다. 그리고 경제적으로 여유 있는 사람들만이 녹지가 풍부한 평창동이나 성북동, 또는 한남동에서 그린 프리미엄의 혜택을 향유하고 있다.

그린 프리미엄의 가장 확실한 예는 대모산 숲 자락에 안겨 있는 일원동 일대의 수서 지구를 들 수 있다. 어머니 품 같은 대모산 숲을 바라볼 수 있는 아파트의 가격은 그렇지 않은 아파트보다 1억 원이나 더 비싸다고 하니 숲의 또 다른 가치를 바로 실감할 수 있다.

숲이 우리 삶에 실질적으로 기여하고 있는 현장은 다음과 같은 신문기사로도 엿볼 수 있다. '숲이 주택 값을 주도하는 시대가 오고 있다' 또는 '주택에 그린 프리미엄이 형성되고 있다'는 최근의 신문기사가 바로 그것이다. 창 밖으로 숲을 바라볼 수 있는 아파트 가격이 숲을 볼 수 없는 아파트보다 훨씬 더 높은 오늘의 현실이 바로 이와 같은 기사를 만들고 있다.

그린 프리미엄 또는 환경 프리미엄은 숲이 공기의 질을 좌우하기 때문일 것이고, 오존주의보의 발령이 해마다 증대되고 있는 거대 도시 서울의 대기오염이 심각한 수준이라는 것을 시민들이 체감하기 때문일 것이다. 숲으로 둘러 쌓인 주거환경은 맑은 공기라는 그린 프리미엄을 우리에게 안겨주고, 환경 프리미엄을 누리길 원하면 그만한 값을 지불하도록 우리 사회는 요구하고 있다. 그러나 최근의 연구결과는 숲의 존재가 환경 개선효과만 있는 것이 아니고 인간의 심리나 정서에까지도 영향을 미치는 것으로 나타나고 있다.

녹색심리학은 숲의 존재가 사람들의 일상 행동에 변화를 초래시킨다는 사실을 과학적으로 증명하고 있다. 몇 가지 사례를 살펴보자. 시카고의 공공주택에 세 들어 사는 주민들에 대한 사회성 연구는 주변이 숲으로 둘러 쌓인 곳에 사는 사람이 숲이 없는 곳에 사는 사람보다 덜 호전적이라는 것을 밝히고 있다. 인터뷰 조사 결과는 나무가 많은 곳에 사는 사람들이 나무가 없는 곳에 사는 사람들보다 보다 잘 어울려 함께 살고 있음을 나타냈다. 주변에 나무가 없는 곳에 사는 사람들은 찾아오는 방문객이 많지 않았고, 같은 거주지에 사는 사람들조차 서로 알지 못했다.

주변에 나무들이 많은 곳에 사는 사람들은 그들의 이웃과 보다 잘 어울렸고, 서로 잘 뭉쳤으며, 강한 소속감을 가지고 있었다. 그들은 그들의 동네를 더 좋아했고 나무가 없는 곳에 사는 사람들 보다 더 안전함을 느끼고 있었다. 수백 명의 인터뷰와 야외관찰에 기초를 둘 때 나무가 있는 공간이 초대장소로 보다 많이 사용되었다. 나무는 그래서 이웃간에 친구가 되도록 격려하며 보다 긍정적인 상호작용을 하는 것으로 나타났다. 이 연구는 이웃간의 강한 유대감은 물리적이나 정신적으로 보다 건강하며, 마약 오용이나 어린이 학대가 적었으며, 낮은 범죄율, 사회적 서비스 요구도 낮았다.

이와 유사한 연구는 수술환자들에 대한 숲의 효과에서도 찾을 수 있다. 입원 환자들 중에서 병실 창을 통해서 숲을 볼 수 있는 환자와 그렇지 못한 환자를 구분해 수술 뒤 회복률을 조사하였더니 숲을 볼 수 있는 환자가 그렇지 못한 환자보다 입원기간이 상대적으로 짧았고 항생제에 대한 부작용도 적었으며, 의료진에 대한 불평불만이 적었다고 밝히고 있다. 결국 숲은 사회를 보다 안정시키며, 공공 비용의 지출을 보다 적게 요구하는 셈이다.

이처럼 숲은 우리들이 지불해야 될 엄청난 규모의 사회적 비용을 경제적으로나 심리적인 방법을 통해서 간접적으로 대체하고 있다.

지극히 제한적인 공간 속에서 갇혀 지내야만 하는 사람에게도 숲을 비롯한 녹지는 놀랄 만한 파급효과를 만들어낸다는 보고를 접하면, '숲(녹색)은 과연 우리들에게 무엇일까' 라고 다시 한번 생각하지 않을 수 없다. 감방 수감자들에 대한 연구도 흥미롭기는 마찬가지다. 감금과 교화의 목적 때문에 감방 환경은 지극히 제한적일 수밖에 없다. 소음, 혼잡, 개인적 불만, 사회적 차별, 추위와 더위, 사생활의 침입 등에 대한 외적 요인을 죄수들은 제 스스로 통제할 수 없다.

죄수들은 죄 값을 치르기 위해서 다른 죄수로부터의 위험, 가족으로부터의 격리, 긴 수감생활, 최소한의 일과활동과 싸워야만 한다. 엄격하게 말하자면, 죄수들의 선택은 이들 환경에 적응하거나 적응하지 못해 앓는 길 뿐이라고 해도 과언이 아니다. 죄수들이 감당해야 하는 이러한 긴장은 가려움증, 두통, 요통, 근육통, 신경통, 가슴통증 등과 같은 고통을 유발하기 쉽다. 교도소의 교정기능은 죄수들을 감금함으로 파생시키는 다양한 스트레스 때문에 교화의 효과를 얻기란 쉽지 않다.

감방의 창 밖으로 녹지를 볼 수 있는 수감자와 그렇지 못한 수감자들의 질병 빈도를 연구한 결과는 그래서 흥미롭다. 이 연구는 교도소 내부의 건물만 보이는 감방에 수감된 죄수들보다 녹지가 보이는 감방에 수용된 죄수들이 병에 훨씬 덜 걸렸다고 밝히고 있다. 이 결과는 비록 육체는 감방에 수감되어 있지만 단순하게 시각적으로 녹지를 보는 것만으로도 스트레스를 줄일 수 있는 하나의 증거라 할 수 있다.

자연경관은 매일의 경험이 극도로 제한된 사람들에게는 하나의 중요한 생명줄이다. 녹지공간에 대한 시각적 접촉은 정신적 원기 회복을 위한 기회를 창조한다. 감금과 교화의 목적으로 폐쇄적인 열악한 환경에서 갇혀 지낼 수밖에 없는 사람들에게도 숲이나 녹지는 이처럼 생명줄이다.

그러면 창문조차 없는 환경에서 지내야만 하는 사람들은 어떨까? 창문이 없는 사무실에서 근무하는 사람들에게는 특히 간접적인 녹색체험이 중요한 것으로 나타났다. 창문이 있는 사무실의 근무자 보다도 창문이 없는 사무실에 근무하는 사람들이 자연과 관련된 그림이나 포스터를 4배 이상으로 더 많이 사무실 벽에 붙이고 있는 연구결과가 있다. 그리고 벽면에 부착된 그림이나 포스터의 75%이상이 건물이나 인공적인 구조물이 아닌 자연경관과 자연물에 대한 것이었다는 보고는 인간에게 녹색을 띤 자연경관(녹지와 숲)은 과연 무엇인가를 다시 한번 상기시켜준다.

녹색심리학 또는 환경심리학 전문가인 로저 울리치(Roger Ulrich) 교수의 연구는 숲이 원기를 회복시키고, 활력을 증진시키며, 스트레스를 없애주는 살아 있는 묘약임을 증명하고 있다. 그는 실험에 참여한 사람들에게 우선 작업 중에 과실로 발생한 무시무시한 사고장면을 영상으로 보여주어 인위적으로 스트레스를 갖게 만들었다. 그 후, 참가자를 6그룹으로 나누어서, 각기 10분간씩 다른 내용의 비디오테이프를 보여주었다.

물론 이 때, 원기회복이나 스트레스의 정도를 혈압, 심장박동, 중앙 신경조직으로 통제되는 이마 근육의 긴장도 측정 등으로 분석하였다. 6종류의 비디오테이프 중, 2종류의 비디오테이프는 숲이나 식생을 담은 것이고, 다른 4개 테이프는 도심의 도로나 상가를 담은 것이었다. 생리학적인 테스트와

병행하여 심리학적인 테스트도 병행하였는데 도심경치를 본 사람보다 자연 풍광 테이프를 본 사람들이 원기를 더 빨리 회복하고, 긴장과 피로를 더 쉽고 빠르게 풀었다고 한다. 현대문명의 폐해를 치유해줄 해독제는 바로 우리들 주변의 숲이다.

세계 산의 해와 우리 숲의 의미

2002년 '세계 산의 해'를 맞아 쟈크 두프 유엔식량농업기구 사무총장이 발표한 선언문은 우리에게 산이 무엇인가를 다시 한번 상기시킨다.

"산은 바다만큼 생명으로 가득 차 있으며 적도의 밀림만큼 우리 복지에 필수적이다. 산에서 물을 얻어 작물을 기르고 전기를 생산하고 음용수를 마신다. 산은 또한 갖가지 동식물들이 사는 곳이다. 산은 문화적 다양성이 가득 찬 곳으로 언어의 수호자이며 전통의 저장고이다. 다양한 인간과 자연으로 이뤄진 군도(群島)를 보호하기도 한다. 산은 약한 반면 사납고, 아름답기도 하지만 잔인하기도 하다. 산은 매우 다양하지만 매우 약하다. 그 속에서 우리는 가난하지만 숭고한 정신을 발견하기도 한다. 그래서 우리 모두 그 산을 보호하고 유지해야 하는 길을 찾아야 한다. 또 그 문화를 강화하고 가난과 기아를 몰아내야 한다."

오늘도 지구상의 6억 인구는 산에 의존하면서 살고 있다. 산은 맑은 물과 깨끗한 공기를 제공하는 원천이고 목재와 광물자원 같은 에너지원의 생산 기반이다. 또 생태계의 모태로 인간에게 관광과 휴양, 문화와 예술의 근간을 제공하고 있다.

지구상의 모든 강은 산에서 발원한다고 해도 과언이 아니다. 그래서 인류의 절반 이상은 삶을 영위하기 위한 물을 산에서 얻는다. 산림은 녹색댐의 구실을 하여 식수나 농축산업용 및 산업용 물을 끊임없이 공급한다. 우리나라도 예외는 아니다. 매년 사용 가능한 수자원의 60%를 산림에서 얻고 그 양은 180억t에 달한다.

산에 있는 호수나 저수지에 저장된 물은 중요한 에너지원이다. 수력발전으로 만들어진 전력에너지는 생태계에 기생하는 도시를 살리는 원천이다.

그리고 가난한 30억 지구가족은 난방과 조명과 조리를 아직도 산에서 채취한 임산 연료에 의존하면서 살고 있다. 현대문명에 필요한 납, 구리, 아연 같은 광물 역시 산에서 생산된다.

환경보전과 인간의 안전을 확보하면서 에너지와 광물에 대한 수요를 적절하게 충족시키는 방법을 산에서 찾는 일은 우리들이 해결해야 할 과제이다. 또한 산은 다양한 생물종의 서식지다. 그래서 산을 지키는 일은 생물다양성을 지키는 일이며, 바로 생태계를 보전하는 일과 다르지 않다.

산은 전세계의 모든 세대에 걸쳐 신성과 영감의 원천이며, 신화와 예술과 종교의 탄생처다. 쉽게 접근할 수 없는 지리적 여건은 토착언어와 독특한 풍습을 지킬 수 있는 모태가 되었다. 그래서 산은 문화적 다양성을 유지시키고 발전시키는 전통의 중심지가 되었고 관광과 휴양, 문화와 예술의 근간을 제공하고 있다. 태백산 신단수 아래 신시를 열어 고조선을 개국한 단군조상이나 명산에 자리 잡은 대찰(名山大刹)을 생각하면 산이 신화와 종교의 탄생처와 다르지 않음을 금방 알 수 있다.

금강산과 설악산이 제일의 관광지로 각광을 받는 이유도 산이 보유한 생태적 다양성이나 독특한 자연경관 덕분임에 틀림없다. 또한 우리가 간직한 문학 예술의 여러 장르 속에 산과 숲이 천지자연물의 소재들 중에 가장 빈번하게 애용되고 있는 것으로도 산이 문학과 예술의 근간을 제공함을 쉽게 알 수 있다.

한반도(남북한)의 73%는 산이다. 따라서 한국인의 자산 1호는 산이라고 할 수 있다. 산자락에서 태어나 살다가 뒷산에 묻히는 삶을 생각하면 우리네 삶과 산은 뗄래야 뗄 수 없는 밀접한 관계다. 그 밀접한 관계를 더욱 돈

독하게 이어주는 것은 민둥산이 아니라 산에 자라는 숲, 산림이 있기 때문이다. 한민족은 산림의 성쇠와 따라 번영과 고난의 길을 번갈아 걸었다. 치산치수를 지혜롭게 했던 시기에는 나라가 융성했다.

반면, 산림이 피폐하고 제대로 가꾸지 못한 때는 민생이 고달프고 급기야는 나라의 존망조차도 위태로웠다. 이와 같은 사실은 멀게는 고려나 조선시대의 역사가 말해주며, 가까이는 일제의 식민지 침탈이나 한국전쟁으로 겪은 지난하고 궁핍한 사회상을 통해서 알 수 있다.

2002년 4월 5일 세계 산의 해 기념식이 광릉의 국립수목원에서 있었다. 쉰일곱 번째 맞는 식목일 행사와 함께 개최된 이 기념식의 백미는 산림헌장의 선포였다. '숲은 생명이 숨쉬는 삶의 터전이다. 맑은 공기와 깨끗한 물과 기름진 흙은 숲에서 얻어지고, 온 생명의 활력도 건강하고 다양하고 아름다운 숲에서 비롯된다. 꿈과 미래가 있는 민족만이 숲을 지키고 가꾼다. 이에 우리는 풍요로운 삶과 자랑스런 문화를 길이 이어가고자 다음과 같이 다짐한다. 숲을 아끼고 사랑하는 일에 다같이 참여한다. 숲의 다양한 가치가 창출되도록 더욱 노력한다. 숲을 지속가능하게 보전하고 관리한다.'

오늘을 사는 우리들 대부분은 20세기에 이룩한 국가의 대표적 업적인 국토녹화 성공의 중요성이나 의미를 간과하면서 살고 있다. 그것은 국토녹화사업이 수행된 지난 30여 년 동안 우리 경제가 고속성장을 해왔던 반면에 산림이 자라는 저속성장에는 무관심했기 때문일 수도 있다. 일인당 국민소득이 100배나 늘어난 그 놀라운 압축고도성장 속도에 익숙해진 우리들은 같은 기간동안 국토녹화사업의 성공으로 우리 산림의 부피가 10배나 늘어난 기적 같은 사실에 별다른 감흥을 느낄 수 없었다. 안타깝게도 자연인 산림이 지난 30여 년 동안 성장해온 과정은 우리들이 누려온 실질소득의 증대나 물질적 풍요로움에 비해서 하찮은 것으로 인식되었다.

그래서 국제기구나 세계의 유수 언론이 우리의 국토녹화 성공사례에 찬사를 보내고, 산림이 망가진 제3세계의 여러 나라에서 해마다 한국의 국토녹화 경험을 익히고자 산림전문가를 파견하고 있지만 우리들 대부분은 우리 산림의 참된 가치를 여전히 모르고 살고 있다. 이런 세태 속에 임업(학)계는 산림헌장을 갖게 되었다. 세계 산의 해를 맞아 비로소 갖게 된 이 헌장에 우리는 자긍심을 가질 필요가 있다.

우리의 앞선 세대가 합심하여 지난 30여 년 동안 약 100억 그루의 나무를 심었다. 그 결과 일제의 식민지 수탈과 한국전쟁 전후의 사회적 혼란기에 헐벗을 수밖에 없었던 우리의 산림은 다시 푸르러졌다. 세계 문화사를 되돌아볼 때 황폐된 산림을 완벽하게 복구시킨 예는 흔한 일이 아니다. 엄격하게 말해서 2백여 년 전에 국토를 녹화시킨 독일과 20세기 후반의 우리만이 이 과업을 달성했다고 해도 과언이 아니다. 이 한가지 사실만으로도 우리 국민은 세계 문화사에 큰 발자취를 남긴 민족이라는 자긍심을 가지기에 충분하다. 복구된 산림과 함께 오늘의 우리는 유사 이래 최대의 번영을 누리고 있다.

앞선 세대가 지난 30여 년 동안 쏟은 각고의 노력 덕분에 오늘을 사는 우리들은 산림으로부터 수많은 혜택을 입고 있다. 자연은 민족 고유의 문화를 잉태한다. 그리고 민족 고유의 정체성은 자연을 일구고 가꾼 문화로 표출된다. 산림을 가꾸고 지키는 일이 사라져 가는 금수강산을 복원하는 일이고, 잊혀져 가는 생명 문화를 창달하는 길이며, 흐려져 가는 민족 정체성을 되살리는 길과 다르지 않다고 주장하는 이유도 여기에 있다. 생명의 원천이며 삶의 터전이고, 정신문화의 고향인 산의 가치는 자연과 인간이 공존해야만 될 새로운 문화에서도 더욱 주목받을 것이다. 세계 산의 해를 맞아 우리 산과 산림의 가치를 다시 한번 생각해 본다.

다영역간 파트너십으로 싹틔운 산림운동

NGO 분야에 관여하는 다양한 전문가들로부터 우리 사회에 전개되고 있는 산림운동에 대한 평가를 받는 일은 쉬운 일이 아니었다. 2001년 11월 23일과 24일 양일 간에 경기도 양평의 남한강 연수원에서 개최된 한국비영리학회의 가을 학술대회장에서의 일이다. 제3분과의 주제는 '정부, 기업, NGO의 다영역간 파트너십 사례'였고, 지난 4년째 지속해온 생명의 숲 가꾸기 국민운동의 성공사례를 발표하기 위해 기업인과 산림공직자가 한 팀이 되어 나는 한국비영리학회 회원들 앞에 섰다.

나의 발표 요점은 숲 가꾸기 운동이 하나의 국민운동으로서 4년째 지속될 수 있었던 동인(動因)은 정부와 기업과 시민단체간에 형성된 다영역간의 파트너십 덕분이라는 것이었다. 발표가 끝난 뒤에 토론자로 참여한 K대 NGO 대학원의 객원교수인 P교수의 질의는 매서웠다. "어떻게 정부가 시민운동의 파트너가 될 수 있으며, 이익창출이 주목적인 기업이 산림운동에 관여하는 숨은 이유는 없는지"에 대한 추궁성 질의가 이어졌다. 정부를 대표한 산림청의 조연환 국장과 기업을 대표한 유한킴벌리 이은욱 상무의 답변은 진지했다. 미국의 대공황기에 전개된 CCC 사업도 정부가 참여한 산림운동의 사례이며, 기업의 산림운동 지원은 어느 한편의 일방적인 승리보다는 기업과 산림(또는 시민사회)을 모두 살리는 윈-윈 사업이라는 답변도 이어졌다.

산림운동에 있어서 시민단체와 기업과 정부 사이에 형성된 다영역간의 파트너십은 과연 무엇을 뜻하는 것일까? 산림운동이 시작되기 전까지 산림에 대한 시민사회의 관심은 종합적이며 분석적이라기보다는 단편적이며 즉흥적인 방법으로 접근했음을 부인할 수 없다. 임도 건설에 따른 산림파괴,

산불 피해지의 복구 방법 선정 등과 같은 산림에 대한 사회적 이슈가 제기될 때마다 시민사회는 그러한 문제가 파생될 수밖에 없는 예산, 인력, 제도 또는 임업이나 우리 산림의 특수성 등에 대한 심층적인 분석 없이 표면적인 산림파괴 현상이나 단편적인 조림방법의 부적절성만을 부각시켰던 측면이 없지 않다.

숲에 대한 단편적이며 즉흥적인 시민사회의 접근은 정부의 산림사업 수행에 장애가 되었다. 이런 관행적인 장애는 다양한 시민단체가 생명의 숲 가꾸기 국민운동의 결성단계에 참여함으로써 극복되었다.

한국시민단체협의회, 신사회공동선운동연합, 환경운동연합, 녹색연합, 경제정의실천연합, 한국YMCA 연맹, 기독교 환경연대 같은 단체의 대표자 또는 사무총장 등이 생명의 숲 가꾸기 국민운동의 고문, 공동대표, 운영위원으로 대거 참여함으로써 산림문제 해결에 대한 시민사회의 다양한 시각을 하나로 묶을 수 있었고, 종국에는 숲 가꾸기로 집중시킬 수 있었다. 이런 것이 바로 NGO와 정부 사이에 형성된 파트너십의 순기능이라 할 수 있으며, 그런 사례는 시민단체가 주도한 숲 가꾸기 사업의 감시와 감독에서도 찾을 수 있었다. 하나 아쉬운 점은 시간이 지남에 따라 숲 운동의 태동단계부터 참여했던 다양한 시민단체들의 숲 운동에 대한 관심과 참여의 열기를 지속적으로 유지시키지 못한 점이라 할 수 있다.

숲 운동 전개를 위한 기업의 파트너십은 산림운동 정착에 필요한 재정을 지원하고, 학교 녹화와 아름다운 숲 전국대회 같은 숲과 관련된 사업에 필요한 재정을 지원하는 것에서 찾을 수 있다.

시민운동의 가장 큰 과제는 시민참여와 적절한 재정의 확보라 할 수 있다. 산림운동 역시 시민참여와 재정확보는 다른 시민운동과 마찬가지로 쉽게 해결할 수 있는 문제가 아니었다. 특히 산림운동은 그 특성상 외환위기로 국가와 기업과 개인 모두의 경제적 여건이 가장 어려웠던 시기에 시작되었기 때문에 재정 확보는 더욱 제한적일 수밖에 없었다. 유한킴벌리는 산림운동의 기획단계에 필요한 재정지원은 물론이고, 생명의 숲 운동을 전개하는데 필요한 홍보, 시민참여, 학교녹화, 아름다운 숲 선정, 선진사례 참관 등에 필요한 재정을 지속적으로 지원하고 있다.

한편 기업과의 파트너십에서 아쉬웠던 점은 산림 운동의 정착과 확산을 위해서 보다 많은 기업의 참여가 필요하지만, 현실은 소수 기업의 참여로 제한적인 파트너십만이 구축되었다는 사실이다. 이러한 현실은 공공재의 특성을 지닌 산림자원의 성격, 산림에 무관심한 대다수 기업, 산림운동 전개와 정착에 헌신한 유한킴벌리의 독점적 위치 등에 기인하는 것이지만 산림운동의 발전을 위하고, 다영역간 파트너십의 확산을 위해서는 산림운동이 앞으로 극복해야할 과제라 할 수 있다.

숲 운동 전개를 위한 산림청의 파트너십은 숲 가꾸기 사업의 정책을 수립하여 전국적으로 사업을 시행하는 것에서 찾을 수 있다. 산림청은 생명의 숲이 제안한 숲 가꾸기 사업의 가능성을 분석하여 정부에서 실업극복을 위해 시행한 공공근로사업에 정책적으로 반영함으로서 시민단체와 파트너십을 형성할 수 있는 계기를 얻었다.

전문성을 요하는 산림사업의 특성상 산림청이 펼친 재래의 산림정책은 시민사회가 가진 산림에 대한 기대를 흡족하게 충족시키지 못했으며, 따라서 시민사회의 여론 지지나 산림의 중요성에 대한 국민적 동의도 쉽게 얻지 못했다. 그 결과 지난 30여 년 동안 어렵게 녹화시킨 산림은 간벌, 가지치기, 천연림 무육(撫育)과 같은 방법으로 가꾸어지지 못한 채 방치되었다.

산림청은 숲 운동의 한 파트너로서 시민단체와 기업과 학계와 함께 참여함으로서 국민적 관심을 산림으로 끌어 모을 수 있었고, 그러한 관심은 산림정책에 적극적으로 반영되었음은 물론이다. 그 결과 생명의 숲 가꾸기 국민운동이 펼치는 시범림 사업, 숲 가꾸기 사업의 모니터링 프로그램 개발, 학교 녹화 사업, 아름다운 숲 전국대회, 시민의 산림체험사업 등에 필요한 행정적 재정적 지원을 할 수 있게 되었다.

산림정책과 산림사업에 대한 시민사회와 정부와의 관계 설정은 적당한 긴장관계가 동반된 협력체계라 할 수 있다. 산림청과의 협력체계 구축으로 다양한 산림사업을 생명의 숲이 펼칠 수 있었지만, 숲 가꾸기 사업에 대한 모니터링 과정을 거쳐서 잘못된 산림작업의 감시나 산림문제에 대한 사회적 이슈를 심포지엄이나 토론회를 통해서 조정하는 일과 같은 적당한 긴장관계를 유지하는 사례는 많지 않았다. 정부와 시민단체간의 긴밀한 협력체계와 함께 적절한 긴장관계의 확고한 유지는 다영역간 파트너십을 구축하기 위해서 앞으로 풀어야 할 과제라 할 수 있다.

시민사회가 산림을 대상으로 전개된 다영역간 파트너십에 주목하는 이유는 무엇일까? 그것은 아마도 공공의 자산, 미래 세대의 자원, 국부의 원천인 산림을 시민의 힘으로 지키고 가꾸는데 필요한 새로운 모델이기 때문은 아닐까.

지난 백년의 숲과 앞으로 올 백년의 숲

새로운 천년에 대한 장미빛 기대와 예측이 난무하고 있다. 진정한 의미의 새 천년은 2001년부터지만 2000년 연도 인식문제와 얽혀 오히려 많은 이들한테는 정서적으로 2000년이 새로운 세기, 새로운 천년을 맞는 해로 인식되고 있다. 그래서 신문과 잡지와 방송에서는 하루가 멀다하고 지난 1백년 또는 1천년의 과거를 되돌아보고 앞으로 올 새로운 1백년을 예측하고 있다.

국내외의 많은 생태철학자들은 세계체제로서의 산업(자본)주의는 앞으로 40년이면 끝난다고 전망하고 있다. 세계체제와는 별개로 좁은 국토에서 우리 숲의 역할도 산업시대처럼 단순하지 않을 것이라고 전망할 수 있다. 지난 1백여 년 동안 통용되어 왔던 산업시대의 임업관은 농업생산 모델을 원용하여 자본집약적인 기업형으로 경영하며, 같은 나이를 가진 몇몇 종류의 나무만을 중심으로 짧은 기간동안 키워서 일시에 대면적을 벌채하기 위해 자연을 적극적으로 개조할 수밖에 없었던 임업 경영방법을 말한다.

반면 오늘날 조심스럽게 모색되고 있는 새로운 개념의 생태시대 임업관은 산림생태계 모델을 원용하여 노동집약적인 지역형으로 경영하며, 각기 다른 나이를 가진 다양한 종류의 나무들로 수백 년 동안 키워서 적절한 나무만 선택적으로 베거나 잉여산물만 벌채하여 자연자체의 고유디자인을 수용하는 임업경영기법이라고 정리할 수 있다. 이런 경영기법은 꿈 같은 이야기가 아니다. 이미 임업선진국에서는 조심스럽게 모색하고 있기 때문이다.

생태시대의 임업관과는 별개로 산림에 대한 생각도 변하고 있다. 햄몬드(Herb Hammond)는 '우리가 숲을 지속가능하게 만드는 것이 아니라, 숲이 우리를 지속가능하게 할 것이다'라고 주장하고 있다. 그의 주장은 인간중심주의적인 시각에 사로잡혀 자연을 해석하고 이용 개발하는 오늘의 우리들에게 매우 혁신적인 발상의 전환을 요구하고 있다.

산림과 연을 맺은 많은 사람들은 직·간접적으로 지난 1백여 년 동안 숲을 지속가능하게 만들(이용할) 수 있을 것이라고 외쳐왔다. 물론 이러한 외침의 배경에는 전통적인 인본주의 및 자연지배적인 사고와는 별개로 숲이 가진 재생가능성도 짙게 깔려 있었기 때문일 것이다.

그러나 그의 주장에 따르면 숲에 대한 이런 인간중심주의적인 시각은 수정될 수밖에 없을 것같다. 그가 주장하는 '우리가 숲을 지속가능하게 만드는 것이 아니라 숲이 우리를 지속가능하게 한다'라는 새로운 시각은 앞으로 숲에 대한 인간중심주의적인 전통적 시각을 탈피하는 대신에 자연의 일부분인 인간의 위치를 겸허하게 인정해야만 하는 상황을 이 한마디로 설명하고 있는 셈이다.

숲에 대한 변화의 물결이 나라 밖에서 이처럼 꿈틀되고 있고, 새로운 천년을 맞아 지난 세기의 반성과 앞으로의 전망에 많은 시간을 할애하는 사회적 분위기와는 달리 우리 임학(업)계는 예상 외로 조용하다. 지난 1백년에 대한 자기검정이나 자기반성은 고사하고 다음 세기에 변할 수밖에 없는 우리 숲의 역할이나 기능에 대한 진지한 고민도 찾을 수 없다. 속된 표현으로 흘러간 옛 노래의 재탕이나 수십 년 동안 계속되고 있는 반복된 목소리뿐이다. 우리 숲을 우리 방식대로 가꾸는데 꼭 필요한 지침이 될 옳은 교과서 한 권 없으면서 지난 20여 년 동안의 학문적 성과(?)를 용감하게 정리하고 있다. 과문한지 몰라도 지난 수십 년 동안 일본, 독일, 미국 등의 선진 임학을 수용하기 바빴지만 우리 것을 정리하여 세계에 소개한 저서 한 권 없는 실정이다. 대학교육을 받은 임학도의 대다수가 자기 전공분야에서 일자리를 찾지 못하고 있다.

좁은 국토면적에 비해서 너무 많은 임학과가 존재하고 있어도 그에 대한 해결책을 모색하기 위한 진지한 노력도 보이지 않는다. 능력이 뛰어난 탓도 있겠지만 한 사람이 또는 소수의 집단이 숲과 관련된 모든 일을 나(우리)만이 할 수 있다는 망상도 여전하다. 세월이 흘러 학연과 지연에 자유스러울 후배들이 "오늘의 궁색한 임업(학)을 타개하기 위해서 당신은 과연 무엇을 했습니까"라고 물어 올 때, 오늘의 우리들은 과연 어떻게 설명할 수 있을지 궁금하다.

임업 현장도 마찬가지이다. 세상사 모든 일이 양면성을 지녔듯이 우리들이 완수한 국토녹화의 과업에도 부정적인 측면이 있음을 부인할 수 없다. 짧은 시간에 달성한 국토녹화의 과업에 과연 부작용은 없었는지 또는 우리들이 불가피하게 선택할 수밖에 없었던 치산녹화사업에 기술적 · 정책적 오류는 없었는지에 대한 성찰의 시간이 필요하다. 그리고 그러한 문제점을 해결하기 위해 오늘의 우리들이 모색할 수 있는 대안에 대한 진지한 토론의 시간도 필요함은 물론이다.

오늘의 관점에서 보면 치산녹화기에 시행했던 대면적 모두베기식 조림방법은 적절하지 않다고 할 수 있다. 낙엽활엽수로 구성된 숲을 제거하고 낙엽송, 잣나무, 리기다소나무 같은 소수의 침엽수 중심으로 숲을 조성한 것도 적절하지 못한 대응이라는 지적도 겸허하게 새겨들을 필요가 있다.

또한 솔잎혹파리의 공격에 밀려 피해 받은 소나무 숲을 베어내기만 했지, 새롭게 소나무 숲을 만들어 내지 못한 일도 과연 적절한 대응이었는지 한번쯤은 진지하게 생각해야 할 과제이다. 그러나 불행하게도 이런 현안에 대한 자가검정이나 자기반성의 진지함은 어느 곳에서도 찾을 수 없다.

지금까지는 인간의 관점에서 인간의 삶을 위해서 복합자원인 산림에 접근하고자 했지만, 앞으로의 세기는 오히려 산림의 관점에서 인간의 삶을 맞추어 가야만 하는 새로운 패러다임이 우리들 앞에 전개될 지도 모른다. 심화되는 전 지구적 환경문제에 대처하기 위한 하나의 방편은 산림에 대한 새롭고 다양한 가치관이 지배하는 세계일 것이며, 이러한 가치관은 생태철학이나 환경윤리에 입각한 새로운 문화적 토대가 필요할 것이다.

생태철학이나 환경윤리에 입각한 새로운 문화적 입지에서는 산림은 더 이상 인간이 좌지우지할 수 있는 개발, 착취, 수탈의 대상이 아니라 생명지지체로서의 절대적 대상으로 우리들 앞에 다가올지 모른다. 21세기는 이러한 상황을 대비하기 위해서 산림윤리, 산림철학, 자원윤리 같은 새로운 분야에 관심을 가져야 할 것이다. 그러나 이런 모든 대비는 임학(업)계에 몸담고 있는 우리 모두의 자기검정과 자기반성에 기초를 두어야 함은 물론이다.

항속림 사상에서 생물학적 유산으로

캐나다 브리티쉬 콜롬비아(이후 BC) 州의 뱀필드(Bamfield)를 다녀왔다. 시민들이 자발적으로 녹지관리를 하고 있는 미국 서부의 몇 도시를 방문하는 길에 며칠간 틈을 내어 뱀필드를 찾을 수 있었던 것은 행운이었다. 뱀필드 자체는 임업과 직접적으로 관련 있는 곳은 아니다. 그러나 BC 州의 주민중 직・간접적으로 임산업에 종사하는 사람이 30여만 명이나 되고, 州의 총 제조업 출하액 중 임산업이 절반에 달하며, 州의 총 GDP 중 약 10%가 임업에서 창출되고 있어서 임업의 영향을 간접적으로나마 엿볼 수 있는 곳이었다.

또한 임업이 BC 州 산업에 큰 영향을 미치기에 임업과 관련된 이해집단간에 파생되고 있는 첨예한 대립의 분위기를 비록 외진 곳에 위치한 뱀필드에서도 느낄 수 있었다. 특히 그런 분위기는 육로로 접근할 수 있는 방법이 캐나다 최대의 목재회사가 만든 임도 밖에 없는 뱀필드의 지리적 여건도 한몫을 했다. 그러나 이 모든 이야기는 동양인으로서는 유일하게 탁광일 박사가 학생들을 가르치면서 뱀필드에서 가족과 함께 살고 있었기에 가능했음은 물론이다.

뱀필드를 가는 길은 쉽지 않았다. 캐나다에서 임업활동이 가장 왕성한 브리티쉬 콜롬비아 주의 벤쿠버 아일랜드 중에서도 태평양 연안 서쪽 귀퉁이에 위치한 가장 외진 곳에 자리잡고 있었기에 더욱 그랬다. 벤쿠버 아일랜드의 최남단에 위치한 빅토리아에서 5시간이나 달려서 도착한 곳은 우리들이 주변에서 흔히 보아왔던 자연환경과 너무나 달랐다. 아름다운 풍광이면 먹고 마시고 노는 소비와 유희를 위한 위락시설만 만들어내는 우리네 실정과는 더욱 달랐기 때문에 그 인상은 쉽게 지워지지 않았다.

또한 캐나다 최대의 목재회사인 맥밀란 브로델 회사가 정부로부터 장기 대부 받은 울창한 2차림 속에 낸 비포장 임도로 덜덜거리면서 3시간 이상 달려야 했던 여정은 전혀 새로운 경험이었다. 1백여 년 전에 이루어진 대면적 벌채 뒤에 다시 재생한 침엽수 숲은 로버트 프로스트의 '눈오는 저녁 숲가에 멈추어 서서'에 나오는 마지막 구절이 저절로 떠오를 정도로 울창하고 아름다워서 자주 차를 세울 수밖에 없었다.

숲은 아름답고, 어둡고 깊다
하지만 나에게는 지킬 약속이 있어
잠들기 전에 몇십 리 길 가야 한다
잠들기 전에 몇십 리 길 가야 한다

뱀필드에서 학생들을 가르치는 탁교수와 그가 근무하는 '해안우림 및 수산 연구센터'(Center for Coastal Rainforest & Fisheries Studies)를 방문하기 위해서는 '잠들기 전에 몇십 리 길 가야 한다'는 프로스트의 싯귀처럼 아름답지만 그러나 어둡고 깊은 숲 속을 우리는 몇 시간이고 계속 달릴 수밖에 없었다.

'해안우림 및 수산 연구센터'는 보스톤에 본부를 두고, 아프리카 케냐의 야생동물 연구센터, 오스트레일리아 퀸스랜드의 우림 연구센터, 코스타리카의 지속가능한 발전 연구센터, 브리티쉬 웨스트 인디의 해양자원 연구센터, 멕시코 바하의 해안 연구센터 등과 함께 대학생들의 전문 현장 실습학교(School for Field Studies, 이하 SFS)의 하나로 보스톤 대학에서 학점을 인증

해 주고 있는 특수학교다. 특히 탁박사가 근무하는 SFS의 해안우림 및 수산 연구센터는 산림 및 수산자원의 이용과 보전에 대한 기업과 환경보호주의자들 간에 오늘도 계속되는 첨예한 대립현장을 교육사례로 활용하는 독특한 환경교육 프로그램을 운영하고 있었다.

인류의 역사가 산림을 위시한 자연환경의 이용에 대한 다양한 의견을 상존시켰던 것처럼, 오늘날도 여전히 산림 이용에 대한 서로 다른 입장이 첨예하게 대립하고 있음은 물론이다. 그래서 모두베기로 더 많은 수익을 원하는 목재회사와 쾌적한 자연환경을 다음 세대까지 물려주려는 환경운동가들의 대립뿐만 아니라 그 영향으로 숲에 대한 새로운 접근방법이 끊임없이 제기되기도 한다.

탁박사가 전해준 이야기 중에 인상적인 하나는 '이곳 BC 州에서는 2백년 전통의 독일 임업을 지탱해온 항속림이나 법정림 사상이 어느덧 구시대의 임업사상으로 퇴출되고 있으며, 반면에 생태임업(Ecoforestry)이나 생물학적 유산(Biological Legacy)이 새로운 대안으로 떠오르고 있다' 는 것이었다.

산림과 관련된 환경문제가 사회적 이슈로 대두될 때마다 캐나다 정부는 산림에 대한 새로운 규제와 제도를 채택할 수밖에 없었고, 그래서 대면적 모두베기를 1백여 년 이상 고수해 왔던 거대한 목재회사들조차 오늘날은 살아남기 위해서 울며 겨자 먹기로 그런 변화에 발맞추어야만 했다는 탁박사의 설명을 듣고 여러 가지 상념이 없을 수 없었다.

특히 미래세대를 배려하고, 임지가 가진 목재 생산성이라는 단순한 양적 잣대와는 별개로 목재 이외에 생태계를 구성하고 있는 다양한 동식물까지를 고려한 질적 잣대, 즉 생물학적 유산을 배려한 새로운 산림시업 방법이

엄격하게 채택될 수밖에 없었던 배경과 함께 그 현장을 둘러볼 수 있었던 것은 국내에서 그러한 것을 쉽게 접할 수 없는 한 산림학도에게는 차라리 큰 행운이었다.

또한 임업이 가장 중요한 산업으로 자리잡은 캐나다의 BC 州에서조차 대기업들이 재래의 시업방법인 대면적 개벌을 지양하고 대신에 생물학적 유산을 다음 세대 숲에 넘겨 줄 수 있는 적합한 새로운 시업방법을 채택해야만 했던 그 근본 배경이 산림학자나 임업전문가가 아니라 오히려 비전문가라고 무시되는 시민사회단체라는 엄청난 현실에 당혹할 수밖에 없었다.

그래서 우리 형편을 다시 한번 되돌아보는 것은 지극히 자연스러운 과정이었다. 오늘날 우리 사회에서도 임도 문제나 숲 가꾸기 문제에 대한 시민사회단체의 다양한 의견이 표출되고 있는 현상을 직시하면, 시사하는 점이 적지 않고 임업(학)계에 몸담고 있는 우리들 자신도 그런 변화에 적극적인 자세로 임할 수밖에 없는 현실을 다시 한번 인식해야만 했다.

뱀필드는 주민 4백여 명이 사는 조용한 시골이다. 새벽이면 해변에 곰들이 내려오고, 낮에는 시트카 가문비나무 숲 위로 먹이를 찾는 독수리가 배회하며, 밤 산책길에는 산사자를 만날 수 있는 곳이 바로 뱀필드다.

물론 봄에는 집 뒷마당에서 물보라를 일으키며 힘차게 솟구치는 거대한 고래 모습에 경탄을 자아내는 곳이고, 여름 한철 낚시나 보트 타기에 좋은 휴양지이며, 가을에는 하천을 따라 태평양에서 산란하기 위해서 회귀하는 연어 떼를 손쉽게 볼 수 있는 곳이지만, 그런 자연환경에 덧붙여 더욱 인상적인 것은 그런 아름다운 자연환경을 망가트려서 위락단지로 만들기보다는 환경교육이나 해양 실습교육의 교실이나 교과서로 활용하고 있는 그네들의 앞선 식견이었다.

산림관리의 한 대안, 녹지실명제

인천에서 선박 설계 일을 하고 있는 박재홍 선생의 전화는 의외였다. 언론 매체에 가끔 이름 석자를 팔리는 덕분에 생면부지의 분들이 산림과 관련된 다양한 주제로 학교에 문의 전화를 주셨지만 그런 일이 휴일 오전에 집으로까지 연장된 적은 없었다. 박 선생은 KBS 라디오로 방송된 산림청장과의 대담을 듣고 학교에 연락하여 집으로 전화를 하게 되었다고 밝히면서 양해를 구했다.

20여 분 이상 그와 나눈 대화의 요지는 국민 된 도리로서 우리 산림에 무엇인가 기여를 하고 싶은데 적절한 방법을 알려 달라는 것이었다. 전화로 나눈 대화일망정 쉰 일곱이라고 나이를 밝힌 박 선생은 진지했다. 평생을 선박 설계만 했다는 그가 바다가 아닌 산림에 관심을 갖는 것이 신기했지만 그 각별한 사연은 알길 없다.

국유림의 대부 및 불하사업이 일확천금을 꿈꾸는 개인의 허황한 탐욕으로 이어진 사례가 적지 않았는데, 박 선생도 그와 유사한 생각을 갖고 있지 않을까 걱정했지만 기우였다. 그는 국가 소유의 산림을 일반 시민이 가꿀 수 있는 방법을 물었고, 특히 큰 금액의 투자나 수익보다는 보람이나 긍지를 가질 수 있는 기여방법을 듣고 싶어했다.

박 선생의 이야길 듣고 우리도 하루빨리 외국에서 시행하고 있는 시민의 자발적 참여에 의한 녹지관리 제도를 도입할 필요가 있다는 생각이 들었다. 시민참여에 의한 녹지관리 제도란 산림이나 녹지의 법적인 소유권과 관계없이 산림 육성 및 녹지 환경 보전에 시민이나 사회단체가 자발적으로 참여하여 산림을 육성하거나 녹지를 관리하는 제도를 말한다.

시민참여에 의한 녹지관리 제도는 나라에 따라서 각기 다른 방법으로 시행되고 있지만 우리나라에서는 아직 널리 시행되지 않고 있다. 이와 유사한 제도를 준비하기 위해 서울시는 작년에 녹지관리실명제에 대한 연구용역을 국민대 산림과학연구소에 발주한 바 있다. 그리고 산림청은 국유림을 국민의 숲으로 경영한다는 전제 아래, 녹지실명제를 수립하여 국유림 경영에 대한 국민의 참여확대를 꾀하겠다는 의지를 산림비전 21의 과제별 실천 구상에서 밝히고 있다.

녹지실명제라는 용어는 1984년부터 시작된 일본 국유림의 '綠의 오너(owner)' 제도에서 유래된 우리식 조어라 할 수 있다. 일본의 녹의 오너 제도는 국유림에서 자라고 있는 인공림이나 천연림에 대하여 일정한 육림비용을 개인이 부담하여 향후 수목을 함께 소유하고 키우는 분수육림 제도로, 평균 30년 생의 숲을 대상으로 보통 20-30여 년 동안 정부와 그린 오너가 공동으로 키운 뒤 벌채하고 그 수익을 나누는 제도를 말한다. 임목의 벌채수익을 정부와 나누는 이외에 녹의 오너는 산림관련 제휴단체로부터 숙박시설이나 스키장 사용에 대한 다양한 할인 혜택을 보거나 정보를 얻을 수 있다.

시민참여에 의한 미국의 녹지관리제도는 산림보다는 도시 주변의 공원이나 녹지를 주 대상으로 삼는 점이 일본과 다르다. 그 좋은 사례는 지역 주민이 직접 나서서 지역의 공원을 입양하여 관리하는 워싱턴주 시애틀시의 '공원입양(Adopt a Park)' 제도에서 찾을 수 있다. 미국의 시민참여에 의한 녹지관리제도는 자발적인 참여자가 대상 녹지로부터 경제적인 수익보다는 오히려 자아실현의 기회를 제공받아 가치 있는 삶을 영위하는 수단을 삼는다는 점이 일본과 다르다. 이런 예는 오레곤주의 코발리스시에서 시민참여에 의한 녹지관리 제도의 목표로 설정한 내용에서도 찾을 수 있다.

코발리스 시는 시민참여에 의한 녹지관리 제도의 개인적 목표를 '가치 있는 삶', '스트레스 없는 삶', '자아실현의 구현', '개인과 지역공동체의 발전을 위한 자원봉사활동 기회 부여' 등에 두고 있으며, '건강한 지역공동체 건설', '녹지자원의 공동관리와 공동소유', '가족간 세대간의 유대 증진'에 사회적 목표를 설정해 두고 있다.

경제적 수익보다는 자원봉사를 통한 자아실현으로 성숙한 시민으로서의 정신적 만족(보람이나 긍지)에 무게 중심을 두고 있는 미국의 제도는 삶의 질 향상을 위해 녹지의 중요성을 새롭게 인식하는 우리들이 한번쯤 관심을 두고 살펴봐야 할 제도라 생각할 수 있다. 미국에서 시행중인 녹지관리제도의 또 다른 특징은 지방정부에서 시민(단체)에 매칭펀드를 제공한다는 점이다.

다시 말하면 녹지관리에 투여된 자원봉사자의 시간, 전문가의 자문, 서비스, 물건 및 기금과 같은 다양한 형태의 기부를 모두 금전으로 산정하여 그만한 액수를 매칭펀드로 지원한다는 점이다. 지방정부에서 지원하는 이런 매칭펀드는 시민의 자발적 녹지관리에 힘을 보태는 밑거름이 됨은 물론이다. 매칭펀드 제도는 산림청이 올해부터 펼치는 학교 녹화 사업에 원용할 수 있는 좋은 방안으로 생각된다.

캐나다의 지역공동체 산림보유권 제도도 흥미롭다. 이 제도는 최근에 생긴 것으로 주 정부가 소유하고 있는 임지의 경영과 이용권을 특정기업이나 개인에게 주는 것이 아니라 마을을 대표할 수 있는 자치기구에 부여하는 제도이다. 시, 읍, 면, 동과 같은 자치기구가 지방 정부가 보유하고 있는 공유림의 사용권을 위탁받아 산림을 관리하는 제도로서, 지역공동체가 산림이용 및 보호에 대한 주도적 권리를 갖는 것이 일본과 다른 점이다.

도시에 사는 많은 사람들은 녹색자원의 소유여부를 떠나서 이들의 다양한 혜택을 보고 있다. 그래서 도시의 녹색자원은, 국토 전체에 분포해 있는 산림의 혜택을 전체 국민이 보는 것처럼, 소유의 주체를 떠나 도시민 모두에게 혜택을 안겨주는 공공재의 성격을 띄고 있다. 공공재란 비록 소유하는 주체가 따로 있을 지라고 소유주체보다도 불특정 다수의 공공(시민 또는 국민)이 그 공공재의 혜택을 얻을 수 있는 재화라고 정의할 수 있다.

소유의 유무를 떠나서 공공재의 성격을 지닌 녹색자원의 혜택을 대부분의 시민이 누리다 보니 녹색자원의 관리와 보호에 대한 관심도 점차 증대하고 있다. 녹색자원의 관리와 보호에 시민들의 관심이 증대하는 이유는 보다 쾌적한 환경 속에서 생활하고자 원하는 시민의 입장에서 삶의 질을 나타내는 중요한 지표의 하나가 바로 녹지의 질과 이용정도이기 때문일 것이다.

특히 도시화, 산업화가 진행되면서 우리 주변의 녹지는 삶의 질을 향상시키는 중요한 요인으로 인식되고 있다. 녹지의 유무 또는 녹지의 질에 따라서 거주지의 주택가격이 다양하게 형성되고 있는 사례처럼 녹지는 도시화로 악화된 환경을 개선하고, 산업주의로 파생된 배금주의, 개인주의, 물신주의에 찌들어 황폐해진 인간의 심성을 치유할 수 있는 복지자원으로 새롭게 인식되고 있다. 시민에게 보람과 긍지를 안겨줄 수 있는 산림(녹지)관리 방안으로 녹지실명제의 도입을 적극적으로 고려할 때다.

산림학자의 숲, 화가의 숲

소나무의 피해는 줄기 끝이 말라죽은 초두부 고사, 수간(樹幹) 손상, 그리고 뿌리 부분의 노출로 나타났다. 특히 줄기 아래쪽에 상처를 입은 소나무의 수간 손상은 산불에 기인하는 것으로도 생각할 수 있다."

"무슨 소리냐, 소나무가 나이를 먹으면 당연히 그런 형태가 나타나는 것인데 어떻게 수간 손상이라고 할 수 있느냐?"

"누구도 그 원인을 정확히는 알 수 없다. 그림에 나타난 모습으로 추정하기 때문에 그런 가능성도 있을 수 있다는 것을 보고했을 뿐이다."

"소나무 그림의 가장 핵심은 나이를 먹은 형상을 줄기로 표현하는 것이다. 그래서 그림으로 나타난 수간 손상은 오히려 당연한 현상이다."

"생태학적인 관점에서 보면 산불이 난 지역의 소나무 줄기에 이와 같은 피해 흔적을 오늘날도 쉽게 볼 수 있다. 그런 이유로 수간 손상은 산불이 직접적 원인이 될 수도 있는 것이다."

아마도 사정을 모르는 이들이 이 논쟁을 읽게 되면 소나무의 산불피해에 대한 원인을 두고 갑론을박을 벌이는 것으로 생각하기 쉽다. 그러나 사정은 이랬다. 한 산림학자가 조선시대 산수화에 나타난 소나무를 입지와 형태와 따라서 분류한 내용을 발표한 것에 대해서 소나무를 수십 년 동안 그려왔던 화가들이 반론을 제기한 내용이다.

첨예하게 대립된 논쟁은 한 청중의 다음과 같은 이야기로 자연스럽게 끝을 맺었다. "우리가 이 자리에 모여서 각자의 생각을 밝히는 이유는 한 사물(안)을 두고 각기 생각이 서로 다를 수 있다는 것을 인정하였기 때문이다. 어느 쪽이 옳고 어느 쪽이 그르냐를 떠나서 한 사물을 두고 전문성에 따라 각기 다르게 볼 수 있는 것은 지극히 당연한 일이라고 생각한다.

미술계에서도 이런 토론회가 드물 것이고, 임학(업)계에서도 이런 기회는 처음이다. 자연을 해석하는 서로의 차이를 인정하면서, 어떻게 다르며 왜 다른지, 그리고 또 같은 점은 무엇이며 왜 같은지를 논의하기 위해서 우리는 이 자리에 모였다. 이런 목적을 생각하면, 오히려 이런 논쟁은 생산적이다. 서로의 주장보다는 상대방의 주장에도 우리 모두 귀를 열자. 그래서 같은 사물을 두고도 다르게 해석할 수 있는 그 차이를 두려워하지 말고 서로 인정하자."

숲과 미술. 전혀 어울리지 않을 것 같은 주제를 가지고 올해도 학술토론회는 열렸다. 하긴 처음부터 '어울린다', '어울리지 않는다'라는 이분법적 판단은 좁은 영역에서 안주하길 원하는 우리들 스스로가 만든 굴레일지도 모를 일이다. 숲과 문화 연구회가 격월간지 「숲과 문화」를 세상에 내놓았을 때도, 산림청에서 '산림문화'란 단어를 산림행정 용어로 사용하기 시작하였을 때도 그런 설왕설래는 있었으니까.

여러 해째 계속되는 행사이니 진부해 질 수 있을 텐데 참석자들은 모두 진지했다. 주제발표를 할 화가, 시인, 수필가, 공예가, 산림학자 등 30여 명의 전문가와 의사, 교사, 출판인, 미학자, 대학원생 등 다양한 직업을 가진 청중 20여 명이 모여서 하룻밤을 함께 지내면서 주어진 주제에 대한 서로의 생각을 진지하게 나누는 이 행사는 1993년부터 시작되었다. 그러다 보니 처음부터 한번도 빠지지 않고 계속하여 참석하는 단골 청중도 생겼고, 입 소문이 번져 전혀 생각지도 않던 지방 청중도 참석하여 주최측을 놀라게 한 적이 한두 번이 아니다.

해마다 주제는 달랐다. 소나무와 참나무처럼 우리 문화 속에 뿌리깊게 자리 잡고 있는 특정 나무를 토론 주제로 삼았던 적도 있고, 숲과 미술이라는 올해의 주제처럼 종교, 음악, 문화를 토론 주제로 다루었던 적도 있으며, 휴양이나 자연교육에 초점을 맞추어 토론을 하기도 했다.

보통 삼십여 명 내외의 주제발표자가 미리 원고를 제출하여 토론회 개최와 함께 상업출판이 이루어지는 일이 다른 토론회와는 다른 점이라면 다른 점일 것이다. 하지만 토론회의 결과물인 '숲과 문화 총서'의 상업출판을 처음부터 계획했던 것은 아니었다. 『소나무와 우리 문화』, 『숲과 휴양』, 『참나무와 우리문화』, 그리고 『문화와 숲』은 단행본의 형식을 빌어서 간행되었다. 햇수가 흘러 결과물들이 쌓여가자 수문출판사에서 간행의사를 밝혀 오늘에 이르고 있다. 『소나무와 우리문화』와 『숲과 음악』은 이미 재판이 발간되었고, 『참나무와 우리문화』는 절판으로 재판을 준비중이다.

이 토론회가 임업(학)계에서 이루어지고 있는 토론회와 분명하게 다른 점은 임업(학)계와 관련 없는 다른 분야 전문가들의 이야기를 많이 듣는 일이다. 이런 원칙에 따라서 주최측은 가능한 한 주제발표의 기회와 시간을 다른 분야의 전문가들에게 할애한다.

그래서 임학(업)계의 인사들보다는 타 분야의 다양한 전문가들에게 더 많은 발표기회와 시간을 배정한다. 주최측의 이런 원칙은 옳았다. 지난 9년 동안 이 토론회에 참여한 시인, 평론가, 화가, 작가, 교수, 농부, 도편수, 공예가, 작곡가, 연주가, 방송인, 의사, 환경운동가, 교육자, 기업인, 출판인, 종교인들은 이 토론회를 통해서 그들의 전문성으로 본 나무와 숲에 대한 주옥같은 생각을 펼쳐놓았다.

다양한 분야의 전문가들이 그들의 시각 또는 그들의 전문성으로 본 나무나 숲에 대한 생각을 학술총서에 기록으로 남겼음은 물론이다. 기록으로 남기는 일 못지 않게 중요한 것은 이런 기회를 통해서 나무나 숲에 대한 우리 사회의 여론을 주도하는 다른 분야 전문가들의 생각을 알 수 있었던 일이었다. 물론 숙식을 같이 하면서 혹 나무나 숲에 대한 그들의 잘못된 인식을 바로 잡는데도 이 토론회는 일조했다.

산음자연휴양림에서 개최된 〈숲과 미술〉 학술토론회는 숲을 비롯한 자연을 읽고 이해(해석이나 체득)하는 방식이 사람에 따라, 그리고 보다 정확하게 표현하자면, 종사하고 있는 일에 따라 각기 다를 수 있다는 것을 다시 한번 인식할 수 있었던 좋은 기회였다.

이번 토론회로 얻은 몇 가지 단상 중 하나는 소나무가 예나 지금이나 예술의 훌륭한 소재라는 점이었다. 토론회에 참석한 한국 제일의 소나무 화가들이 좋은 소나무 그림을 그리기 위해서 이 땅 구석구석을 다닌 이유도 좋은 소나무 숲을 보기 위해서인 것처럼, 미술(예술)의 소재로 이용할 대상(소재)이 있어야 그림(예술작품)이 있을 수 있다는 생각도 들었다.

특히 '숲은 생태적 자연공간이라기보다는 창작의 샘이자 예술적 문화공간' 이라는 어느 화가의 발표는 경제자원이나 환경자원으로만 숲을 이해하고 접근하는 우리 임업(학)계에 던지는 하나의 경구였다. 〈숲과 미술〉 토론회는 숲이 결코 임학(업)계에 종사하는 우리들만이 독점할 수 있는 생명자원이 아니라는 점을 다시 한번 깨닫게 해주었다.

도심학교에 웬 푸른 숲?

집안의 대들보, 사회의 기둥, 국가의 동량이라는 말처럼 나무가 가지고 있는 상징적 의미는 한 집안이나 사회, 또는 국가가 필요로 하는 인재(人材)를 나타내기도 한다. 인재를 양성하는 학교를 꿈나무 동산이나 학원(學園)이라고 일컫는 이유도 여기에 있다. 바로 동량지재(棟梁之材)들이 될 무성한 꿈나무들이 자라는 배움터를 숲과 같이 인식하기 때문이다.

조상들이 수많은 자연물 중에 유독 나무(材木)를 학식과 능력이 뛰어난 사람을 나타내는 상징으로 발달시킨 이유는 단순하다. 그것은 살아 있는 나무가 지닌 강인함, 품위, 영속성, 안정성, 신뢰감, 관대함 같은 상징적 의미를 가정이나 사회나 국가를 짊어지고 갈 인재들도 지녀야 할 덕목으로 기대했기 때문일 것이다.

우리 의식 속에 인재를 나타내는 대들도, 기둥, 동량, 꿈나무 같은 다양한 상징들이 여전히 살아 있지만 정작 그러한 재목을 양성하는 학교의 현실은 어떠한가? 내일을 짊어질 인재를 양성하는 아늑하고 푸른 숲이어야 할 우리 학교는 그저 황량할 뿐이다. 그리고 넓은 운동장은 군대의 연병장처럼 삭막하다. 그 삭막한 풍경을 지키고 있는 몇 그루의 나무들은 외롭고 애처롭다.

제정 프러시아의 연병장이 군국주의 일제의 강압으로 이 땅에 들어온 지근 1백년이 지났지만 우리 학교는 변하지 않고 있다. 그 종주국 격인 독일이 변했고, 일본이 변했건만 우리는 여전히 연병장 같은 운동장을 신주단지처럼 모시고 산다.

왕따를 없애고, 생태맹을 극복하며, 감성지수를 높이는 일이 교육계의 화두로 떠오르고 있어도 학교의 운동장은 변함 없다. 변하지 않는 교육관료들만큼이나 학교의 경영자나 교사는 운동장을 둘러싼 주변환경에 무관심하다. 냉난방시설, 강당, 오디오 비디오 같은 내부 시설이 더 중요하지 교사(校舍)를 둘러싼 외부 환경에는 애써 무관심하다. 오직 지식 전수만을 학교의 책무로 여길 뿐이지 자연과의 교감이나 자연에 대한 책무를 가르치는 데는 관심 밖이다.

우리 교육의 맹점은 자연과 유리된 삶을 당연시 여기는 생태맹을 양산하는 데 있다. 자연과 유리된 삶을 정상적인 것으로 여기는 교육환경에서 자연의 가치를 인식하기란 쉽지 않다. 넓디넓은 운동장은 비워둔 채, 가이즈카 향나무 몇 그루만이 자라는 학교에서 생태맹을 극복하기란 어려운 일이다. 생태맹은 자연과 빈번하게 접촉하고 교감할 때 더욱 효과적으로 극복할 수 있다.

학교 운동장은 풀벌레와 나비와 새를 불러들일 수 있는 훌륭한 공간이지만 우리의 운동장에서 이런 생명체를 찾기란 쉽지 않다. 마른 모래바람만 휘날릴 뿐이다. 풀벌레와 나비와 새는 나무와 함께 자연에 대한 인식의 지평을 넓힐 수 있는 매개물이다. 자연을 대표하는 나무를 심어 학교를 푸르게 가꾸어야 할 이유도 여기에 있다. 나무나 숲은 인간과 자연을 이어줄 수 있는 훌륭한 연결고리이기 때문이다. 자연에 대한 교감의 가치를 간직한 학생들이 동료를 따돌리거나 괴롭힐 것이라고 쉽게 생각할 수 없다.

학교에 나무를 심고 숲을 가꾸어야 하는 또 다른 이유는 빠름에 대한 전도된 가치관을 바로 잡을 수 있는 훌륭한 수단이기 때문이다. 우리는 컴퓨터 자판의 움직임 하나로 지구의 건너편에서 일어난 일을 몇 초만에 생생하게 접할 수 있는 초고속 정보화 사회에 살고 있다. 정보화에 대한 새로운 수요가 빠르게 창출되는 환경에서 학교도 예외일 수 없다. 컴퓨터와 인터넷과 가상현실이 주요한 교육 수단으로 등장하고 있다.

그래서 학교의 교육적 가치도 정보화 사회에 맞는 인간을 양성하는 것으로 모아지고 있다. 학교가 사회와 유리되어 존재할 수 없듯이 정보화 사회에 적합한 인재를 양성하는 것이 문제될 리 없다. 문제는 빠른 것만이 최고의 가치로 교육 내용이 규격화되거나 규범화되는 것에 있다.

이 세상은 빠른 것만 존재하는 것이 아니다. 특히 당면한 환경문제를 해결하기 위해서는 느림의 가치도 빠름의 가치만큼 인식해야 한다. 그러나 우리 현실은 빠름에 대한 가치관을 지고의 선으로 추앙하고 있지, 느림에 대한 가치관은 잊고 있거나 애써 무시하고 있는 실정이다. 자연과 인간이 공존할 수 있는 상생의 원리는 빠른 것만이 최선이 아님을 일러주고 있다.

대량 소비, 대량 생산, 대량 훼손, 대량 폐기는 모두 빠름에서 유래된다고 해도 과언이 아니다. 이런 빠름의 세태를 맹목적으로 쫓아만 가서는 우리에게 희망은 없다. 오히려 덜 쓰고, 덜 더럽히고, 덜 훼손시키는 것이 내일의 세대를 위한 책무임을 인식하고 느림의 가치관을 우리 사회에 심고 실천해야 한다.

옳은 나무가 되기 위해서는 세월이 필요하다. 그런 나무들이 모여서 숲을 만드는 데는 더 장구한 세월이 필요하다. 일분 일초를 다투는 시대에 10년, 20년, 또는 100년 200년의 세월이 필요한 나무를 심고 숲을 키우는 일은 쉬운 일이 아니다. 그러나 자세히 살펴보면 자연계의 모든 사물은 적절한 시간을 필요로 함을 알 수 있다.

자연의 일부인 사람도 마찬가지다. 엄마 품에서 태어난 갓난아이가 할 수 있는 일이란 많지 않다. 십수 년 동안 인격을 형성하고, 사회성을 익히며, 지식을 체득해야 만이 옳은 사람 구실을 할 수 있다. 며칠이나 몇 달만에 이루어질 수는 없는 일이 바로 사람을 키우는 일이다. 그래서 조상들은 사람을 나무에 빗대어 부르길 즐겼는지 모른다.

'나무 심기 가장 좋은 때는 20년 전이었다, 그 다음으로 좋은 때는 바로 지금이다'라는 말이 있다. 20년 전에 나무를 심었더라면 오늘 우리들의 학교나 도시는 황량하지도 삭막하지도 않을 것이다. 가장 좋은 때를 놓쳤다고 계속하여 손을 놓고 있을 수 없다. 지금이라도 나무를 심는 것이 그 다음으로 좋은 때임을 인식하자.

20년 전에 헐벗은 산에 나무를 심어 국토를 푸르게 만든 우리들은 이제 회색빛 도시를 푸르게 만들어야 할 책무가 있다. 임업(학)의 영역을 산에만 한정하지 말자. 회색빛 도시를 생명의 도시로 푸르게 가꾸는 일이 우리들에 놓인 새로운 과업임을 인식하고 도시녹화에서 새로운 활로를 찾자.

일본인의 숲에 대한 인식

한국 홀리스틱 교육 실천학회 소속의 교수, 교장단과 함께 2001년 6월 4박 5일의 일정으로 일본을 다녀왔다. 방일 교육시찰의 주된 목적은 홀리스틱 교육 수단으로 활용하고 있는 일본 니가타 현의 소학교와 중학교에 만들어진 숲을 둘러보는 것이었다. 첫 방문지는 나가오카(長岡)市의 가와사키(川崎) 소학교 교정에 만든 숲과 토오카마치(十日町)시의 미나미(南) 중학교 숲이었다.

첫날의 일정을 마친 후, 고원지대에 위치한 타카하라 리조트 호텔에서 50여 명의 한·일 교육계 인사들에게 한국에서의 산림문화 운동에 대한 특강 요청이 예정되어 있었다.

"오늘 저에게 부여된 특강의 주제는 한국의 산림문화 운동입니다. 어려운 주제를 좀 쉽게 풀어가고자 숲에 대한 일본인과 한국인의 인식에 대한 제 개인적인 경험으로 이야길 풀어갈까 합니다. 지난겨울 일본인 노가와 히로시(野川裕史)씨로부터 받은 한 통의 편지는 뜻밖이었습니다. 편지에는 서울의 한 서점에서 졸저, 「산림문화론」을 보고 귀국하기 전에 꼭 한번 만나고 싶다는 내용이 한글로 간결하게 적혀 있었습니다.

나가노(長野)현의 신슈(信州) 대학 임학과를 졸업한 후 98년 1년 동안 서울대학교에서 한국어를 익혔던 그의 한국 말 실력은 좋았습니다. 한국인의 산림관을 알고 싶어서 한국어를 익혔으며, 가능하면 대학원에서 이 분야를 전공하고 싶다는 그의 계획은 신선했습니다.

숲을 양적(量的: 물질적, 경제적) 자원으로만 인식하지 않고 질적(質的: 정신적, 문화적) 자원으로도 인식했던 우리 조상들의 흔적에서 한국인의 숲에 대한 인식이나 자연관을 엿볼 수 있다는 나의 설명 끝에, 평소 제 자신이 궁금해했던 내용을 그에게 물었습니다. 숲에 대한 일본인의 인식은 어떠하냐고 말입니다. 저의 물음에 대한 그의 대답은 엉뚱했습니다. 엉뚱하다고 한 이유는 일본인의 숲에 대한 인식을 열대림 파괴로 설명할 수 있다고 했기 때문입니다.

그의 답변은 이러했습니다. 세계에서 자연과 가장 조화로운 문화를 꽃피우는 민족이라는 찬사를 듣는 일본사람의 입장에서 다른 한편 열대림을 가장 많이 파괴한 사실 때문에 일본인의 자연관(산림관)에 대해서 깊이 고민했으며, 그 결론은 자연을 보는 인식 차이 때문이라고 결론 내릴 수 있었다는 것입니다. 즉 일본의 숲은 사람의 간섭 없이도 잘 자라며, 벌채한 후 그대로 두어도 좋은 기후 풍토 때문에 차대림이 순조롭게 조성되어 큰 문제없이 다시 좋은 숲이 된다는 것을 일본사람들은 익히 알고 있다는 것입니다.

안타깝게도 많은 일본인들은 열대지방의 숲도 일본처럼 베어 먹고 그대로 두어도 될 줄 알았고, 그래서 열대림 벌채에 큰 죄책감을 느끼지 못했다는 것이 그의 답변이었습니다. 자연과 조화로움을 추구했던 일본인의 자연관은 일본열도에서나 적용될 수 있지, 기후와 풍토가 다른 곳에서는 그대로 적용될 수 없었던 사실을 간과했다는 것이 그의 지적이었습니다. 그래서 일본인의 자연관은 어떻게 보면 폐쇄적이며 지엽적이라는 그의 설명에 놀라지 않을 수 없었습니다.

불행하게도 한국도 열대림 훼손으로부터 자유스러울 수 없습니다. 일본에 이어 세계에서 두 번째로 열대림을 많이 훼손한 국가이기 때문입니다. 일본의 상황과 하나 다른 점은 일본은 숲을 온전하게 지킨 반면에, 한국의 숲은 일제의 식민지 수탈, 한국전쟁, 그 이후 사회적 혼란기에 헐벗을 수밖에 없었던 사실입니다.

지난 30여 년 동안 100억 그루의 나무를 심어서 우리 숲은 복구되었습니다. 산림학자의 한사람으로서 저는 우리 숲에 무한한 자긍심을 가지고 있습니다. 그 이유는 인류 역사상 파괴된 숲을 복구시킨 나라는 단 두 나라뿐이기 때입니다. 한 나라는 2백년 전에 그 과업을 성취하였습니다. 오늘날 세계에서 임업기술이 가장 앞선 나라, 숲을 가장 잘 가꾸는 독일이 바로 그 나라입니다. 나머지 한 국가는 바로 한국입니다.

비록 열대림 훼손이라는 공통된 멍에를 한·일 두 나라가 함께 짊어지고 있지만 숲을 대하는 한·일 두 나라 국민의 인식에는 그래서 차이가 있을 수밖에 없습니다. 그러한 차이는 제나라 숲이 망가진 역사가 없는 일본인들과 달리 한국인들은 국제적 연대로 동북아지역의 숲에 관심을 갖게 된 계기를 만들어 주었는지도 모르겠습니다.

그것도 IMF 구제금융이란 경제적으로 가장 어려운 시기에 한국인들은 숲에 대한 생각을 행동으로 옮기고 있습니다. 그 첫 사업이 생명의 숲 가꾸기 사업입니다. 지난 고도성장기에 심기만 하고 방치하였던 숲을 가꾸기 위해서, 그리고 실직자들에게 일자리를 제공하기 위해서 펼치고 있는 이 사업 덕분에 한국의 숲은 새롭게 태어나고 있습니다.

두 번째 사업이 동북아 산림포럼의 결성입니다. 산림포럼의 결성 목적은 한국, 일본, 러시아, 중국, 몽골, 북한 등 동북아시아의 6개 국이 이 지역의 황폐된 산림을 복구하는데 공동의 노력을 경주하도록 연대를 강화하는 것입니다. 이러한 노력은 환경적으로 안정되고 지속가능한 산림생태계를 보전하고 관리하여 이 지역에 대면적으로 발생하는 사막화와 한발을 방지하기 위한 사업의 일환입니다. 그리고 마지막으로 북한의 숲을 복구시키기 위한 평화의 숲 운동이 시작된 점입니다."

내 특강은 이쯤에서 끝났다. 특강 후 자리를 옮긴 만찬장에서 몇몇 일본측 인사들은 내게 다가와서 진지하게 말했다. "강의 중에, 당신이 말하지 않았던 내용에 대해서 우리는 깊이 인식하고 있다"고 말이다. 나는 내심 뜨끔했다. 사실 내 이야기 중에 말하지 않았던 "일본의 숲은 우리처럼 식민지 지배로 파괴된 적이 없는데도 열대림을 엄청나게 파괴하였으며, 그런 파괴에 응분의 국제적 책무가 부여되었는데도 오늘날 당신들이 하는 일이 무엇이냐?"라는 핀잔이 숨어 있었기 때문이다.

그런 마음 속의 비난과는 별개로 숲을 대하는 일본인들의 태도는 솔직히 부러웠다. 오늘날 우리 사회에서 일어나고 있는 산림문화 운동이 운동의 주체와 시민이 유리되어 진행되고 있는 감이 없지 않은데 비하여 일본에서는 학교 숲을 통해서 주민의 단결된 힘이 숲으로 결집되는 현장을 직접 보았기 때문일 것이다. 각 고장마다 학교에 숲을 만들기 위한 모임이 결성된 일이나 새로운 세기를 맞아 '니가타 숲의 백년 이야기 준비 위원회'의 활동이 활발하게 전개되는 것은 정말 충격적이었다.

특별한 볼거리라곤 없는 곳을 우리들 일행이 방문한 이유도 숲이 있는 학교라는 단 한가지 사실뿐인 것처럼, 풀뿌리 시민참여가 우리 숲에도 하루빨리 정착되었으면 하는 생각이 더욱 절실했다.

한 산림학도의 소나무 그림 애장기

나는 과분하게도 몇 점의 소나무 그림을 곁에 두고 있다. 발 디딜 틈 없이 어지럽게 널린 내 연구실에서 제자리를 지키고 있는 이들 소나무 그림 때문에 나는 오늘도 상쾌한 하루를 시작한다. 소나무 그림을 떠벌리니 혹 많은 이들이 내 소장품을 잘못 이해할까 두렵기도 하다. 그래서 먼저 고백부터 해야겠다. 내가 가지고 있는 소나무 그림은 이 땅에 전해오는 소나무 그림 중 최고의 그림이라는 능호관의 작품도, 겸재의 작품도, 추사의 작품도 아니다.

그러나 오해는 없어야겠다. 남들은 작은 소품이라서 하찮게 여길지 모르지만 내가 가지고 있는 그림들은 나에겐 그 무엇과도 바꿀 수 없는 소중한 사연이 있는 그림들이다. 지척에 두고 원할 때마다 좋아하는 그림을 볼 수 있는 즐거움은 누구나 원한다고 해서 쉽게 누릴 수 있는 것은 분명 아니다. 하긴 엽서 한두 장 크기의 소품 그림으로 얻는 즐거움을 오늘날처럼 화려하거나 거창한 것을 찾는 세태에 누가 이해나 할까만.

소나무 그림을 갖게 된 사연은 '숲과 문화'로부터 시작된다. 어디 그림뿐이랴! 이름 석자를 대신할 계송(溪松)이라는 아호를 갖게 된 사연도, 그리고 천금을 주고도 억지로는 결코 얻을 수 없는 못생긴 얼굴의 인물상(그것도 소나무를 기대고 선) 그림을 손에 넣은 배경도 모두 '숲과 문화'가 없었으면 불가능한 일이었다.

소나무와 맺은 인연

어떤 특정한 나무와 각별한 인연을 맺는 계기란 개개인이 다를 수밖에 없다. 소나무에 대한 내 인연은 대학 졸업 후 다닌 첫 직장에서 시작되었지만 고작 반년밖에 지속되질 못했다. 이 땅에 자라는 여러 지역의 소나무들이 유전적으로 얼마나 비슷한지를 조사하는 연구실에 배속되면서 강원도 일대의 소나무 숲을 처음 몇 개월 동안 헤맸다. 그러나 그것도 잠시, 정식 연구원으로 채용되면서 새로운 과제가 나에게 따로 부과되었다. 새 과제는 남부지방에 자라고 있는 삼나무의 계통을 조사 분석하는 일이었다. 그래서 나무와 관련된 연구 생활 5년 동안 소나무는 더 이상 내 업무와 직접적으로 관련이 없었다.

뒤늦게 시작한 미국 유학생활에 부과된 연구과제도 소나무와 관련 없기는 마찬가지였다. 원래 경제적으로 넉넉하지 못한 유학생의 처지는 본인의 관심 분야보다는 학비나 생활비를 지원해주는 지도교수의 관심 영역을 연구할 수밖에 없는 형편은 이제나 그제나 마찬가지이다. 아쉽게도 학위논문 연구의 대상수종은 소나무가 아니었고 포플러였다. 그래서 내 청년기는 소나무와 큰 인연을 맺지 못했다.

학문적으로 천착할 수 있는 젊은 세월에 맺어질 듯하던 소나무에 대한 인연은 대학에 적을 두면서 시작되었다. 아니 보다 정확하게 표현하자면 지금부터 10여 년 전, 숲과 문화 연구회 활동이 도화선이 되었다. 숲과 문화 연구회에서 최초로 개최한 학술토론회가 〈소나무와 우리 문화〉였고, 그 행사의 주관 책임을 과분하게 내가 맡으면서 나와 소나무는 뗄래야 뗄 수 없는 소중한 인연의 끈으로 맺어졌다.

학술토론회를 계기로 소나무와 관련된 학자, 화가, 시인, 도편수, 문인, 출판인, 그밖에 소나무 애호가 여러분과 친숙한 관계를 맺어 오게 되었음은 물론이고, 소나무에 대한 변함없는 내 관심도 오늘까지 식지 않고 계속되고 있다. 그 덕분에 소나무와 관련된 여러 편의 글도 쓸 수 있었고, 다양한 매체에 얼굴을 내미는 인연도 얻었으며, 내가 아끼는 소나무 그림을 소장하게 된 행운도 누리게 되었음은 물론이다.

현석의 소나무 그림

먼저 애장하게 된 순서에 따라 내 소나무 그림에 얽힌 인연의 끈을 풀어보자. 내 연구실 정면 벽면에는 세로 23센티미터, 가로 15센티미터의 작은 동양화 한 점이 사 년 째 자리잡고 있다. 현석 이호신 화백의 작품이다.

국립경주박물관장을 역임한 강우방 교수 같은 이는 이호신 화백을 '겸재와 단원의 맥을 잇는 현석(玄石)'이라고 불렀으니 혹 겸재의 대표적 소나무 그림인 함흥본궁도(咸興本宮圖)나 사직노송도(社稷老松圖)와 유사한 현석의 멋진 소나무 그림을 소장하고 있거니 오해할 수도 있지만 그렇지 않다.

이 땅의 모든 예술가들이 어찌 소나무를 잊을 수 있으랴. 문학과 미술의 소재로 등장하는 천지만물의 자연물 중에 둘째가라면 서러워할 대상이 소나무 아니던가? 현석 역시 소나무에 대한 애착이 남다름을 알 수 있는 대목은 지난해 어느 잡지에 발표한 다음과 같은 그의 글로써도 알 수 있다.

"이 땅에 전해오는 소나무 그림 중 최고의 그림은 누구의 것일까? 사람마다 견해와 감식안이 다름에도 불구하고 소나무 그림을 아는 이들은 대개 능호관(凌壺觀) 이인상(李麟祥 1710-1760)의 설송도(雪松圖)를 꼽기에 주저하지 않는다.

이 그림은 언제나 원칙과 지조를 종시 여겼던 선비의 모습만큼이나 흰눈을 이고 선 곧은 노송(老松)이 감상자에게 깊은 감회로 다가온다. 즉 세속에 물들지 않고 세파를 이겨낸 높은 절개와 의연함이 솟아나는 그림이다.

나는 이 그림을 가슴에 품고서부터 우리 산천에서 만난 소나무의 이미지를 종합해 지난 개인전(1988년)에 인동(忍冬)이라는 겨울 소나무를 발표하였다. 따라서 생태적으로 '설송도'의 느낌을 닮은 소나무를 그리워해 왔는데 지난 가을 울진 소광리에서 마주친 금강송(金剛松)은 내게 큰 충격으로 다가왔다."

능호관의 설송도와 같은 멋진 소나무를 그려내는 꿈을 가진 그가 마침내 대상이 되는 소나무를 만나게 되는 과정을 다음과 같이 서술하고 있다.

"샛갓재 오르막길에서 마주친 신령스러운 소나무 한 그루! 쭉 곧게 뻗어 오른 아름드리 금강송이 늠름하고 굳세며 고고하게 군계일학(群鷄一鶴)인 양 부리를 내리고 서 있지 않은가. 소나무는 마치 상쾌한 필획으로 처낸 곧은 기운과 더 깊이 역사를 아로새긴 옹이 그리고 강파른 세월을 이겨낸 지사(志士)의 기상으로 넘쳐흐른다. 나는 한 순간 그 당당한 풍채에 압도되어 일행을 놓친 채 바위처럼 굳었는데 아내가 먼저 "꼭 이인상 선생님 그림에 나오는 소나무 같아요"하고 반색한다. 임도 입구에 서 있는 500년이 넘는다는 소나무는 무던히도 그동안 마음속으로 흠모해오던 소나무, 바로 그 이미지로 다가왔다."

평생을 기리던 소나무를 만나자 현석은 마침내 그 소나무를 아주 멋진 예술혼으로 형상화시켜서 우리에게 선 보였다. 그의 고구려 그림 전시회 때 함께 내 걸린 '소광리의 금강송도'를 보고 그 웅혼한 자태에 나는 일순 숨이 멎는 기분을 느꼈다.

현석의 소나무 그림을 엿볼 수 있는 기회는 또 있었다. 그의 세 번째 책 『풍경소리에 귀를 씻고』를 펴내면서 가졌던 지난봄 전시회에 산수와 가람에 대한 전시물 중에 '운문사의 소나무'(반송)그림도 그냥 지나칠 수 없었다. 그러나 나에게 낙점까지 된 '운문사의 소나무'는 여러 가지 사정 때문에 끝내 인연을 맺을 수 없었다. 운문사의 소나무는 전시된 그림들 중에 거의 유일한 소나무 작품이었다. 그림 앞에서 그 자신이 했던 이야기를 나는 아직도 생생하게 기억하고 있다. "나무 밑에서 즉석으로 그려낸 것이기에 도저히 다시는 그릴 수 없을 만큼 애착이 가는 그림이고, 그래서 이 그림은 소나무를 아끼는 사람만이 소유할 수 있는 자격이 있다"라는 그의 이야기를.

내가 소장하고 있는 그의 소나무 그림은 비록 운문사의 반송처럼 강인한 생명력을 뿜어내지도 않고, 또 소광리 금강송처럼 장대하지도 또는 웅혼한 기상을 내비추지도 않지만 나는 이 소품 속의 소나무를 사랑한다. 바로 눈길 가는 우리 주변에서 자라는 소나무의 모습이기에 더욱 애착을 갖는 지도 모를 일이다.

비록 작은 소품이지만 이 소나무 그림을 소장하자마자 가장 먼저 한 일은 표구점을 찾는 일이었다. 그리고 가장 믿을 수 있는 표구점의 하나라는 동선방에서 그림에 옷을 입혔다. 내 마음을 아는지 표구는 한지의 질감이 그대로 살아 있도록 화선지 주변을 잘라내지 않고 소박한 모양 그대로 그림을 앉히는 방식을 택했다. 목재로 만든 액자 속은 천으로 배접하여 표구를 하였기에 단아하고 소박한 멋이 풍기고, 그림을 보호하기 위해 유리까지 끼웠다. 그래서 그림이 주는 전체적인 인상도 구수한 멋이 더욱 풍기게 되었다.

그림은 줄기가 굵은 소나무를 중심으로 세 그루의 작은 소나무가 자리잡고 있다. 모두 굽은 형상을 지니고 있지만 나름대로 세월의 흔적은 풍긴다. 그림의 오른편 가운데에서 대각선으로 비스듬하게 소나무들이 자리잡고 있는데, 그림의 전면에 있는 소나무를 제외하고는 모두 붉은 색의 껍질을 갖고 있어서 우리 토종 소나무임을 알 수 있다. 그림의 중앙에 자리잡은 굵은 소나무 아래는 평상이 놓여 있으며, 모자를 쓴 한 처사가 평상에 걸터앉아 만사를 잊고 벌판을 응시하고 있는 그림이다.

나는 이 그림에 눈길을 주는 것을 게을리 하지 않는다. 하긴 책상이 놓인 앞 벽면에 걸린 그림이니 눈길을 줄 수밖에 없기도 하다. 나는 이 그림에 눈길을 둘 때마다 능호관 이인상의 송하관폭도를 연상한다. 능호관의 송하관폭도에는 폭포도 있고, 바위도 있지만 이 그림에는 없다. 송하관폭도를 굳이 연상하는 이유는 한 처사가 자연을 관조하는 모습을 엿볼 수 있기 때문일지도 모른다. 조급함과 번잡스러움으로 점철된 나의 일상에서 가장 부족한 것은 정신적 여유일 것이다. 속도전에 내몰리는 이 세태에 그나마 자연에 대한 예의와 배려와 함께 자연을 관조하는 마음자세를 이 그림을 통해서 찾고자 하는 보상심리가 내 가슴 밑바닥에 꿈틀거리고 있기 때문이리라.

창원의 소나무 부채 그림

두 번째 소나무 그림은 구름 위에 솟은 설악연봉을 배경으로 세 그루의 소나무가 그려진 창원(蒼園) 이영복 선생의 부채그림이다. 소나무 그림의 대가이신 蒼園 이영복 선생의 그림을 갖게 된 사연도 나에겐 각별하다. 이태 전 선생이 관여하고 계신 모임에서 숲에 대한 강연을 나에게 부탁한 적이 있었다. 강연회 당일에야 전직 대학 총장들과 전·현직 외교관들은 물론이요 우리 사회일각의 저명한 분들이 청중이라는 것을 알았다. 무엇이 창원 선생에게 확신을 안겨 드렸는지 모르지만 선생이 나 같은 백면서생에게 보낸 무조건적인 신뢰를 떠올리면 요즘도 나는 그저 부끄러울 뿐이다. 강연료와 함께 선생은 당신의 낙관이 들어간 부채그림을 특별히 선물했고, 나는 졸저 『나무와 숲이 있었네』 한 권으로 답례를 대신했을 뿐이다.

창원의 파격적인 후의는 아마 수필문학에 쓴 '소나무를 위한 변명'을 비롯하여 소나무와 관련된 나의 글을 읽거나 소나무에 대한 내 관심을 듣고, 같은 분야에 관심을 갖는 후배에 대한 배려 덕분이라고 생각된다. 저명 화가와 백면서생인 산림학도와의 인연은 결코 쉬운 것이 아니다. 그 쉽지 않은 일을 가능하게 한 것은 소나무 덕분이다. 바로 소나무로 맺어진 인연이다. 창원 선생의 소나무에 대한 애착은 이처럼 대단하다. 소나무를 형상화시키면서 그가 느끼는 환희와 감동은 다음과 같은 그의 글에서도 엿볼 수 있다.

"우리 민족의 삶과 함께 한 나무이기도 하지만 항상 보아도 싫증이 안 나고 구수하다. 한서(寒暑)에도 변치 않고 늘 푸르름을 지니고 있는 의연함과 고졸(古拙)한 모습과, 천태만상의 형상과 그에 따른 변화의 맛은 예술혼을 불러일으키기에 충분하다. 소나무는 지역이나 지형, 나무의 수령이나 기후에 따라 형세가 조금씩 다르기 때문에 그 서로 다른 형상에 따라 표현기법과 작업감정도 다양해진다. 최근에는 옛 명현 학자들의 소나무에 관한 시(詩)를 틈틈이 발췌하여 외워 음미해 보기도 한다. 소나무에 대한 멋과 운치를 한층 실감케 되어 소나무를 보는 눈에 또 다른 면이 있음을 발견하게 된다."

미술사를 전공하는 안휘준 서울대 교수가 '소나무와 창원'의 관계를 설명한 것을 읽으면 창원 선생의 소나무에 대한 애착을 더욱 자세히 알 수 있다.

"창원 이영복 화백이 30여 년 동안 가장 큰 관심을 가지고 관찰하고 작품화한 주제는 바로 소나무이다. 전국 방방곡곡의 빼어난 소나무치고 창원이 탐방하고 스케치하지 않은 것은 거의 없을 것이다. 이러한 소나무들에 관하여서는 비단 화폭에 담는 것에 그치지 않고 전해지는 전설이나 문헌기록까지도 꼼꼼하게 조사하고 챙긴다. 주제를 철저하게 파헤쳐 보는 창원의 학구적이고 성실한 면모를 엿보게 된다. 최근에는 중국의 소나무에까지 관심의 폭을 넓히고 있다. 이처럼 창원은 현대 우리나라의 가장 대표적인 소나무 화가라고 할 만하다."

雪岳一隅라는 화제처럼 창원의 부채그림에는 웅혼한 자태의 설악연봉이 구름 위에 펼쳐지고 있다. 젊은 시절 올랐던 내설악의 용아장성(龍牙長成)이나 공룡능선(恐龍稜線)을 연상시키는 암봉이 근경과 중경으로 나타나고 대청이나 중청 같은 육산(肉山)의 모습이 원경으로 역시 구름 위에 솟아 있다. 그림의 오른 편 전면에 세 그루의 조선 소나무가 그 멋진 자태를 뽐내면서 푸른 기상을 자랑하고 있다.

나는 이 부채 그림을 펼쳐들 때마다 학창시절에 올랐던 설악연봉을 떠올리곤 한다. 힘겹게 오르던 암봉에서 만났던 구름과 소나무와 바람을 어찌 잊을 수 있으며, 계곡에서 암능에서 능선에서 별을 헤면서 지샜던 밤을 어떻게 잊을 수 있으랴. 그리고 밧줄에 생명을 담보하면서 함께 올랐던 악우(岳友)들을 떠올리곤 한다.

나는 이 부채를 함부로 사용하지 않는다. 오히려 설악의 칼날 암능 사이사이에서 뿌리내려 살고 있는 솔숲을 지나는 녹색바람이 내 연구실을 가로지르도록 여름 한철만 되면 소중하게 책꽂이에 펼쳐둘 뿐이다.

창원 선생이 30여 년 동안 그려낸 수많은 걸작 소나무 그림과 부채 속의 좁은 공간에 그려진 소나무 그림을 나는 감히 비교할 수 없다. 아마 선생은 운무에 쌓인 여름 설악을 나타내기 위해서 소나무를 담았을 지도 모른다. 그러나 아무려면 어떠랴. 그림을 소화하고 해석하며 즐기는 애장자의 입장에서 작은 소품 소나무일망정 대작의 당당한 소나무 못지 않게 나만이 가슴속에 담은 수 있는 수많은 것을 느끼고 즐기고 소화하는 것을. 그래서 창원의 부채 그림은 늘 새롭다. 나는 그의 부채그림에서 설악 암봉에서 고고하며 강인하게 자라는 토종 소나무의 기상을 닮아 학문의 길에 나태하지 말고 증진하라는 격려의 소리를 듣는다. 또 소나무로 맺은 그 소중한 인연의 끈에 감사하는 마음을 잊지 않는다. 하나 이 기회에 토로할 것은 부끄러운 변명이다. 부채 그림을 받았을 때 소광리 솔숲과 중경릉의 솔숲을 함께 찾자고 선생께 말씀드린 언약을 아직도 지키지 못한 게으름에 대한 변명이다.

우송의 소나무 그림

마지막으로 소개할 애장품은 연하장으로 보낸 우송(右松) 김경인 화백의 소나무 그림이다. 연초에 숲과 문화 연구회 사무실로 배달된 이 연하장을 전해 받고 나의 기쁨은 컸다. 우선은 유화작업을 하시는 김 화백이 단 몇 번의 붓 놀림으로 소나무와 해를 그려낸 연하장에 친절하게 덕담까지 함께 적어 주셨기 때문이다. 이 연하장을 받고 그림에 대해서 입을 열 처지가 못 되는 내 자신이 새롭게 느낀 점은 모든 예술은 하나로 통할 수 있구나 하는 깨우침이었다. 단 몇 번의 붓 놀림에 소나무의 굵은 가지와 잔가지들이 형상화되고, 또 농담이 다른 초록물감의 번짐이 솔잎의 음영으로 살아나는 두 손바닥 크기의 그림에서 새 천년을 상징하는 붉은 해가 소낭구 위에 떠오르는 형상을 접하고 그 기쁨은 컸다. 이런 기쁨을 주신 김 화백과의 인연은 역시 93년도에 개최된 소나무와 우리 문화 학술토론회로 이어진다.

"1991년 여름에는 달포 가량을 강원도 정선땅에서 머문 적이 있다. 매일 대하는 것이 안개 낀 산과 물과 숲이었다. 그중에서도 특히 바위틈을 비집고 서 있는 소나무가 눈에 들어오기 시작하였다. 이 때부터 사진기를 들고 강원도에서 경상, 전라도, 기타지역의 소나무를 찾아 헤매고 다녔다. 조선시대 화첩을 뒤지고 소나무 관련 책자를 모으고 학술대회도 쫓아 다녔다. 어쩌면 소나무는 우리 민족과는 떼어 생각할 수 없는 그 자체가 아닐까 하는 생각이 들었다."

위의 술회처럼, 김 화백이 대관령 자연휴양림에서 개최된 '소나무와 우리 문화' 학술토론회를 참석했던 동기는 이듬해(1993년) 서울의 이콘 갤러리에서 개최할 전시회를 위한 사전 준비활동이었음을 알 수 있다. 김 화백에게 소나무는 과연 무엇이었을까? 제6회 이중섭 미술상 수상 기념 전시회를 통해서 김 화백은 그의 소회를 이렇게 밝히고 있다.

"고정관념화 되다시피 한 내 예술과 그럭저럭 알려진 내 이름의 허위, 그에 관련된 일체를 지워버리기로 결심했다. 그래서 아마추어의 심정과 그 방법으로 되돌아가서 소낭구 하나라도 제대로 그려보고 싶었다."

소나무의 어떤 점이 김 화백이 가졌던 모든 것(예술, 이름)을 지워버려도 좋다는 생각을 들게 했을까? 소낭구 화가로 다시 태어난 김 화백의 소나무관은 무엇일까? 이중섭 미술상 수상 전시회에서 그는 이렇게 소나무를 표현하고 있다.

"청산에 살고 독야청청 낙락장송 등은 우리 귀에 너무 익숙한 소나무를 상징하는 말들이다. 현대인들에게도 예외는 아니어서 수년 전부터 큰 빌딩 사이에는 많은 소나무들이 관상수로 심어지고 있어 한국인들은 그 고유의 멋과 그 휘영청한 기승전결의 묘, 기의 운행, 용트림의 조형성을 여전히 선호하고 있음을 알 수 있다. 본인은 언제까지 소낭구에 매달릴지 알 수는 없다. 솔직함과 자유스러움, 사유, 영적인 떨림을 전달할 수 있는 그림을 할 수 있는 시간들로 내 삶이 엮어지기를 바란다."

우송이 소나무에서 찾아낸 솔직함과 자유스러움, 사유, 영적인 떨림은 우송 김경인 화백만의 경험은 아닐 것이다. 어제의 세대도, 오늘의 세대도 그리고 내일의 세대에게도 소나무는 생명, 풍요, 영생의 상징으로 영원히 우리 곁에 있을 것이다.

우송의 소나무 그림은 내 연구실의 서가 정중앙에 자리잡고 있다. 서가가 책상 반대편에 자리잡고 있기 때문에 눈길 가는 기회가 사실 많지 않다. 눈길도 뜸하고, 한 공간에 자리잡고 있는 현석이나 창원의 소나무와도 공간적으로 좀 떨어져 있어서 우송의 소나무는 좀 외로운 처지다. 그 외로움을 달래기 위해서 내가 한 일은 연구실의 소나무 식솔들을 한자리에 모으는 일이었다. 그래서 내 빈약한 서가의 시집 칸에 꽂혀 있던 박희진 선생의 시화집 『소나무를 위하여』가 자리를 조금 옮겼고, 언제나 은은한 송진향을 피우는 전우익 선생이 선물한 머리통만한 광솔(송진)덩이도 우송의 그림 옆으로 자리를 옮겨 주었다.

내 연구실을 지키고 있는 그림 속의 소나무들은 아마 그들에 대한 이런 나의 마음가짐을 익히 알고 있으리라. 어지러운 내 연구실이 학인(學人)의 거처라는 것을 내세울 수 있는 이유도 이들이 내뿜는 송성(松聲), 송운(松韻), 송향(松香) 때문이리라.

숲과 사람의 공생

숲 학교, 산림문화산업의 새싹

숲은 문화산업의 대상이 될 수 있을까? 좁은 시각에 탈피하여 숲이 경제와 환경과 문화와 교육을 아우르는 복합자원이라고 주장해 왔던 터이기에 이 물음은 놓칠 수 없는 나의 화두였다. 산림문화산업이란 과연 존재할 수 있을까? 여전히 목재 생산만을 산림의 고유영역인양 인식하고 있는 세태에 세상의 변화를 읽는 문화적 코드를 산림에 적용할 수 있는 방법을 찾는 일은 가능할까?

내 주변을 맴돌고 있던 이러한 물음에 대한 답은 최근에 접했던 몇몇 글에서 찾을 수 있었다. '숲 그 자체가 상품이던 광릉수목원에 이야기를 담아 파는 숲 해설가가 등장하면서 관람객수가 엄청나게 늘어난 경우는 이야기와 감성을 팔아야 시장에서 승리할 수 있다는 사례이다'(동아일보 2001년 12월 16일자, 홍사종의 칼럼 '아침을 열며').

세상의 가치 중심이 정보와 첨단기술에서 이야기와 감성, 문화로 옮아가고 있는 흐름은 임업계에 종사하는 우리들이 옳게 인식하지 못하는 사이에 이렇게 우리들 주변에 이미 존재하고 있음을 알 수 있다. 그리고 우리들은 비록 간과하고 있지만 문화라는 코드로 세상을 읽는 이들에게는 새로운 현상으로 이미 투영되고 있었던 셈이다.

이와 유사한 내용은 작년에 민음사에서 펴낸 리프킨의 『소유의 종말』에서 찾을 수 있다. 리프킨의 주장은 단순하다. 산업시대가 소유의 시대였으면, 변화와 혁신이 빠르게 이루어지는 오늘날은 접속의 시대라는 것이다. 접속은 일시적으로 사용하는 권리를 뜻한다. 이 말은 자본주의가 상품을 교환하는데 바탕을 둔 체제에서 경험 영역에 접속하는데 바탕을 둔 체제로 변하고 있음을 의미한다.

그래서 리프킨은 "새로운 자본주의에서는 물질의 차원보다는 시간의 차원이 훨씬 중요하다. 장소와 물건을 상품화하고 그것을 시장에서 거래하는 것이 아니라 이제 우리는 서로의 시간과 식견에 접속할 수 있는 권리를 확보하고 필요한 것을 빌린다. 그리고 그것을 매개하는 것은 돈이다"라고까지 주장하고 있다. 단순하게 설명하자면, 재산의 소유 그리고 상품화와 함께 시작되었던 자본주의의 여정이 '시간과 체험의 상품화'라는 새로운 국면에 접어들고 있다는 의미와 다르지 않다.

급격하게 변하는 세상의 흐름을 나타내는 이러한 문화코드를 과연 우리 숲에 대입할 수 있을까? 대입할 수 있으면 어떤 영역일까? 보다 구체적으로 이야기와 감성을 파는 일, 그리고 시간과 체험을 상품화하는 일을 우리 숲에 대입하면 어떤 영역일까? 망설일 필요 없이 그것은 바로 산림해설이고, 산림체험이며, 산림학교라 할 수 있다.

IMF 경제위기의 한 대처 방안으로 국민대에서 시작된 자연안내자 양성교육은 숲 해설가 협회를 탄생시켰고, 2년 만에 숲과 관련된 다채로운 해설 활동으로 다양한 언론매체가 이들의 활동을 조명하고 있다. 언론의 주목이 사회의 관심을 대변하는 것이라면, 숲을 향한 우리 사회의 관심은 감성과 이야기와 문화로 전이되고 있다고 감히 주장할 수 있다. 이러한 주장은 공허한 외침이 아니다. 첫해에 이어 지난해도 폭발적으로 증가하였던 숲 해설 의뢰를 봐도 쉽게 알 수 있다. 산림청이 운영하는 전국 자연휴양림의 숲 해설, 국립수목원의 자연해설과 그린스쿨, 산림조합중앙회의 숲과의 만남, 생명의 숲이 펼치는 마을 숲 가꾸기, 숲과 문화 연구회의 아름다운 숲 찾아가기, 한살림의 숲 탐방, 서울시의 자연 공원 숲 속 여행 등등의 이름으로 연인원 5만여 명의 숲 애호가들이 해설을 들었고, 해설활동에 참여한 숲 해설가들도 연인원 1천5백여 명에 달하고 있다.

숲을 대상으로 이야기와 감성을 파는 일, 그리고 시간과 체험을 상품화하는 일은 우리들 임업계(임학계)에서 누구 하나 관심을 가져주지 않아도 제 스스로의 동력을 얻어서 이렇게 진행되고 있는 것이다. 재래의 편협한 산림 인식으로 이러한 현상을 우리는 어떻게 해석할 수 있을까? 그래서 숲을 새로운 눈으로 봐야 하며, 세상의 흐름을 나타내는 문화코드를 우리 숲에 올바르게 적용해야 하는 것은 아닐까?

소유의 시대에서 접속의 시대로, 상품의 유통에서 '시간과 체험의 상품화'로 변하고 있는 오늘날 그래서 숲은 훌륭한 문화자원이며, 문화산업의 대상이 될 수 있는 이 엄연한 현실을 우리는 새롭게 인식해야 한다.

2001년 숲 해설가 협회와 숲과 문화 연구회는 산음자연휴양림에서 산림학교를 시범적으로 운영하였다. 모두 6회에 걸쳐 진행된 숲 학교는 성황리에 끝났다. 숲 해설가 협회에서 운영한 숲 학교는 산림조합중앙회의 녹색자금의 지원으로 운영되었으며, 서울과 수도권 인근의 초등학생을 대상으로 실시되었다. 숲과 문화 연구회는 하나은행의 후원으로 자녀와 부모가 함께 참여하는 숲 문화 학교를 운영하였다. 숲 속에서의 생활을 곁들인 자연교육이었기에 모든 참가자들의 반응은 뜨거웠다. 자녀와 함께 참여한 학부모들의 한결같은 바람은 고액의 참가비를 부담할 용의가 있으니 참여기회라도 더 많이 제공해 달라는 것이었다.

폭발적으로 늘어나는 시민들의 숲 해설 참여, 시범 운영한 숲 학교에 대한 학생과 학부모의 뜨거운 열기에 임학계와 산림청이 답할 차례다. 소유에서 접속으로 변하는 문화적 코드에 부응하기 위해 임학계는 새로운 교과목을 개설해야 하며, 이 분야에 필요한 인재를 양성해야 한다. 산림청도 물리적인 숲을 육성해야만 한다는 경제적 시각에서 탈피하여 문화자원으로써 숲을 어떻게 활용할 것인지에 대한 보다 근원적인 의문을 가져야 할 때다.

특히 산림에 대한 국민의 참여와 지지기반을 확보하고자 원하면 산림청은 소수의 산림 소유자에 대한 정책 못지 않게 시민들이 원활하게 숲에 접속할 수 있는 방안도 함께 모색해야 할 것이다. 결론적으로 향후 주 5일제로 근로방식이 전환될 시기를 대비하는 한편, 휴양과 교육의 기회를 숲에서 찾고자 바라는 국민의 휴양욕구를 전향적으로 충족시킬 수 있도록 자연휴양림은 단순한 휴양숙박시설의 임대방식에서 탈피해야 한다.

자연휴양림은 오히려 산림체험이나 숲 해설, 또는 숲 학교를 통한 접속의 장소, 이야기와 감성과 체험을 공유할 수 있는 문화공간으로 탈바꿈되어야 할 것이다. 더불어 현재 전국의 자연휴양림에서 실시하고 있는 휴양림 숲 해설 제도를 적극적으로 활용하여 숲 학교 프로그램을 진행할 수 있는 지원방안도 적극 모색해야 하며, 이에 필요한 검정된 숲 해설가들을 확보하기 위해 숲 해설제도에 대한 법적 제도적 장치도 시급히 수립해야 할 것이다.

통고산 자연휴양림의 자연탐방로

지구 상에 살고 있는 가장 오래된 생명체를 찾고자 해당 국유림 사무실로 전화했을 때, 담당직원은 친절하게도 필요한 정보를 우편으로 보내준다고 했다. 전화를 건지 꼭 일주일 뒤 우편으로 4천8백여 년 묵은 브리스톨 콘 소나무가 자라고 있는 슐먼 기념 그로브에 대한 상세한 안내 유인물이 내 손에 들어왔다. 우편물 속에는 슐먼 그로브 주변 해당 국유림 지역의 캠핑 정보, 월별 최고 최저 온도, 식수사정, 그리고 가장 가까운 모텔까지의 거리와 소요시간이 기재된 다른 유인물도 함께 들어 있었다. 3천여 킬로미터나 떨어진 미국 캘리포니아주 동쪽 끝에 자라는 4천8백년 묵은 소나무를 찾아 나설 수 있었던 용기는 이처럼 국유림 관리사무소에서 보내준 몇 쪽의 잘 정리된 유인물 덕분이었다. 몇 년 전 연구교수로 미국 임업시험장 농림센터에 1년간 체류하면서 경험했던 일이다.

자연자산인 숲을 문화자원으로 훌륭하게 활용하는 다른 나라의 한 예를 들어 보았다. 우리도 남들처럼 숲을 문화자원으로 잘 활용하고 있는 것일까? 그 답은 안타깝게도 부정적이다.

전국 방방곡곡에는 올해도 자연휴양림이 생겨나고 있다. 1988년 대관령 휴양림을 효시로 조만간 1백여 개소에 이를 것이란다. 그리고 근래에는 산림문화휴양관이란 목조건물도 휴양림에 들어서고 있다. 이들 휴양관은 보통 한 채에 수억 원의 예산을 들여 짓고 있다. 그래서 새 휴양관에는 도시인의 취향에 맞게 수세식 화장실, 난방, 실내 취사 등 유명한 휴양지의 콘도미니엄 부럽지 않는 시설을 갖추고 있다. 그러나 정작 산림문화휴양관에서 산림문화활동의 흔적을 찾기란 쉽지 않다. 하룻밤 묵으면서 고기 구워 술 마시고 노래 부르다가 돌아가는 여느 관광 휴양지의 콘도와 다르지 않다. 단지

그림 같은 숲 속 환경에서 더 좋은 시설을 보다 싼값으로 이용할 수 있다는 것이 조금 다를까?

산림문화휴양관이 자연 휴양림에 들어서는데 정작 숲을 매개로 한 올바른 문화행위는 왜 없을까? 그것은 하드웨어만 중시하고 소프트웨어를 경시하는 실적 중심의 우리네 관행과는 관련이 없는 것일까? 숫자로 파악할 수 있는 휴양림 건설 개소나 산림문화휴양관의 신축 현황은 실적으로 바로 파악할 수 있지만, 눈에 잘 나타나지 않고 업적으로 산정하기도 힘든 소프트웨어는 그래서 누구도 관심을 갖지 않기 때문은 아닐까?

산림문화란 오늘을 사는 우리 개개인의 마음 속에 산림을 효과적으로 심는 일이라고 할 수 있다. 산림과 인간과의 관계를 보다 원활하게 매개하는 것은 그래서 잘 지어진 건물이라기보다는 오히려 숲을 매개로 한 독특한 소프트웨어다.

소프트웨어의 가장 기초적인 것은 각 휴양림의 특색과 가치를 알리는 적절한 정보이다. 그런 정보가 담긴 리플릿이나 팜플릿은 숲과 인간을 문화적으로 이어주는 가장 기초적인 매개물이다. 이런 몇 쪽의 유인물은 휴양림이나 숲을 찾는 우리 국민 개개인의 가슴 속에 산림의 가치와 우리 숲의 소중함을 적절하게 심어 줄 수 있는 훌륭한 도구다. 그리고 이런 정보를 보다 잘 발달시킨 것이 아마도 숲을 매개로 구성된 적절한 자연체험이나 산림교육 프로그램일 것이다.

우리의 휴양림에는 이런 소프트웨어가 없다. 그래서 반듯한 유인물 하나 없을 뿐 아니라 각 휴양림에 맞는 독특한 산림교육이나 자연체험 프로그램 하나 없다. 산림문화는 거창한 이름을 가진 산림문화휴양관만 지어 놓는다고 저절로 창달되는 것은 아니다. 엄청난 돈을 들여서 좋은 시설을 들여놓는 것 못지 않게 중요한 일은 국민과 숲을 이어주는 적절한 연결고리를 개발하는 일이다. 숲 속에서 벌이는 요란한 이벤트성 문화 행사도 필요할 지 모른다. 그러나 그런 행사는 소수의 사람을 대상으로 일과성으로 끝나기 쉽다. 오히려 국민과 숲(또는 산림공무원, 산림전문가, 임업인)을 효과적으로 그리고 지속적으로 이어주는 연결고리를 개발하는 일이 우리 숲을 위해서도 좋고, 일반 국민에게도 필요한 것이다. 그러한 연결고리의 첫걸음은 숲(자연휴양림 또는 국유림)에 대한 정보가 담긴 유인물이다.

대학원생들과 소광리 소나무 보존림을 찾는 길에 하루 묵은 통고산 자연휴양림은 이런 관점에서 인상적이었다. 수도권의 여러 자연휴양림에서는 감히 생각지도 않는 일이 이 땅에서 가장 오지인 경북 울진의 한 휴양림에서 싹트고 있었기에 그러했다. 숲과 사람을 이어주기 위한 배려로 준비된 유인물, 자연체험 학습을 위해 개발된 자연 숲 탐방로, 그 안에 준비된 다양한 정보들은 우리 국민 개개인의 가슴에 숲을 심는 적절한 프로그램이었다. 통고산 자연휴양림을 둘러보고 느낀 점은 숲과 인간을 이어주는 소프트웨어는 관리자의 관심여하에 따라서는 쉽게 준비할 수 있다는 것이다.

주5일제 근무형태는 우리 국민의 여가와 휴가 형태를 변화시켜 더 많은 사람들로 하여금 숲을 찾게 만들 것이다. 그래서 전국의 자연 휴양림은 국민의 가슴 속에 효과적으로 숲을 심기 위해서 어떤 연결고리를 준비할 것인가를 고민할 필요가 있다. 적절하게 준비된 유인물이나 산림체험 프로그램은 경제위기의 격랑을 헤쳐 가는 우리에게 숲이 희망을 주는 청량제임을 알릴 수 있는 둘도 없는 기회이기에 더욱 그렇다.

자연환경안내자

교실은 창백하고 작은 우산일 수밖에 없다고 생각한다. 더 큰 교실은, 더 큰 교육은 자연이고 사회이고 역사가 아닌가 생각한다".

이 말은 이십수년 간 무기수로 복역했던 신영복 교수가 교사들을 위한 아카데미에서 발표했던 내용이다.

그렇다. 숲을 위시한 자연은 훌륭한 교실이고 교과서이다. 우리는 그래서 숲을 교육자원이라고 하며, 또한 문화자원이라고 서슴없이 주장할 수 있는 것이다. 이렇게 좋은 교육자원, 훌륭한 문화자원을 우리는 보유하고 있지만 옳게 활용하지 못하고 있다. 그 이유는 무엇일까? 숲을 알기 쉽게 설명해줄 전문적인 식견을 가진 적절한 안내자가 없기 때문은 아닐까?

"대학들이 실직자들을 위해 개설키로 한 재취업교육 강좌에는 일반인들에게 잘 알려지지 않은 희귀한 직종들이 등장해 눈길을 끌고 있다. 자연환경안내자 강좌는 국(도, 군)립공원, 자연휴양림, 산림욕장 등 산림을 이용하는 일반인에게 자연환경에 관한 지식을 제공하고 야외활동을 지도할 수 있는 사람을 양성하는 교육이다. 교과목은 산림, 동식물, 곤충 등에 대한 전반적인 지식과 자연관찰 지도법, 산림레크레이션 지도, 구급처치 등을 가르친다"(98년 2월 5일자 한국경제신문의 재취업 특집면).

"교사로서 가장 곤혹스러운 일은 수학여행이나 소풍 또는 극기훈련에 대한 적절한 자연체험 프로그램이나 안내자를 찾을 수 없는 일이다"(서울의 한 중등학교 교사, 한국불교환경교육원 주최의 '교사를 위한 환경강좌' 토론시간에).

"그린스쿨을 운영하는데 가장 큰 문제점은 산림환경교육을 담당할 전문강사의 결여와 적절한 프로그램의 미흡이다"(광릉 그린스쿨 담당자).

앞에 인용한 신문기사나 대담내용은 자연환경안내자가 어떤 일을 할 수 있으며, 왜 필요한지를 극명하게 말해주고 있다. 자연환경안내자는 비록 생경스러운 명칭이지만 우리 사회가 요구하는 새로운 분야의 직종이자 우리 임업(학)계가 준비해야 할 새로운 영역은 아닐까?.

관광가이드가 유명한 관광지나 문화 유적지를 안내하듯이 자연환경안내자는 산림이 포용하고 있는 자연환경을 일반 시민에게 쉽게 알려 주기 위해 풍부한 현장 경험과 지식을 갖춘 안내인을 말한다. 산림을 문화자원으로 훌륭하게 활용하고 있는 다른 나라에서는 오래 전부터 자연환경안내자들이 자연(산림)과 인간을 자연스럽게 이어주는 연결고리 역할을 수행해왔다. 미국의 산림해설가(forest interpreter)나 일본의 산림 인스트럭터들이 바로 그들이다.

국민대학교 사회교육원에서는 언론에서도 희귀한 직종이라고 일컫는 자연환경안내자 양성 교육을 지난 5월부터 시작했다. 노동부는 여러 대학과 기관에서 신청한 다양한 실업자 재취업 교육훈련 과정 중에 자연환경안내자 양성 교육 프로그램도 승인했다.

교육 훈련을 신청하면서도 걱정이 적잖았다. IMF 경제위기로 산림행정과 임업연구분야도 구조조정을 하는 마당에 교육을 마친 이들을 수용할 수 있는 현실적 여건이 밝지 않았기 때문이었다. 그래서 강의 첫 시간에는 강의보다는 막연한 기대나 장미빛 미래에 대한 허상을 갖지 않게 하기 위해서 우리의 임업(산림)현실과 산림안내인을 채용하기 위한 법적 제도적인 어떤 장치도 우리나라에는 없음을 강조했다. 오히려 교육생 여러분들이 앞으로 이러한 분야를 개척해 나가야 된다는 사실을 있는 그대로 역설했다.

그러나 이러한 걱정은 쓸데없는 기우였다. 모두 37명을 대상으로 시작한 이 교육과정에 재취업한 소수의 몇 사람을 제외하고는 거의 모든 교육생들이 하루도 빠짐없이 열심히 교육훈련에 참여하였기 때문이다.

자연환경안내자 양성교육에는 모두 12주 동안 240시간이 배정되었다. 교과목은 기초 분야와 실전 분야를 나누어 각각 8과목씩 모두 16과목을 개설했다. 기초과목으로 산림과 문화, 산림과 임업, 산림과 환경생태, 산림과 식물, 산림생산과 이용, 산림과 토양, 산림과 야생조수, 산림과 기상을 개설했으며, 실전과목으로 임업체험, 산림휴양의 이론과 실제, 네이처 게임의 이론과 실제, 자연해설 기법, 자연관찰의 이론과 실제, 야외활동 지도방법, 자연공원의 경관 해석의 이론과 실제, 응급처치 등이 개설되었다.

교육 11주째 맞아 교육 효과와 강의 내용에 대한 설문조사를 실시한 결과 오직 한 사람만이 자연환경안내자 교육훈련 과정을 이수하게 된 것을 후회한다고 했고 나머지 모든 사람은 비록 불확실한 미래일망정 잘 선택했다는 답을 주었다. 뿐만 아니라 오히려 더 다양한 교과목과 실제적인 현장 실습을 할 수 있는 심화과정을 개설해 달라고 요구했다.

임업(학)계는 우리 국민을 산림에 대한 응원군으로 이끌어 줄 자연환경안내자에 관심을 가져야 한다. 뿐만 아니라 임협이나 산림청은 물론이고, 산림체험 행사를 지속적으로 벌이고 있는 기업과 시민사회단체에서도 이들을 활용할 방안을 모색해야 함은 물론이다.

산림안내인과 산림체험 프로그램

자연환경안내자'에 대한 글을 읽고 지방에 계신 여러분이 직접 전화를 주셨다. 가끔 독자의 편지나 전화가 없지 않았지만 그 글에 관심을 가지고 적극적으로 의견을 피력하는 독자들이 많은 것은 의외였다.

전화를 준 독자들의 의견 중에 가장 관심을 끈 대목은 '산림공무원을 위한 산림안내자 양성 방안을 강구해 달라'는 것이었다. 특히 지방 자치단체에 근무하는 몇 분은 '지방 임업직에 근무하는 우리들은 산림청장께 직접 말씀드릴 기회가 없으니 전교수가 말씀 드려 달라'는 구체적인 내용도 주문했다. 그리고 임업연수원에서 실시하는 산림공무원의 직무교육 내용 중에 산림안내자(또는 자연안내자)가 갖추어야 할 소양교육을 포함시켜 퇴직 후에도 산림안내인으로 일할 수 있는 기회를 갖게 해 달라는 의견도 제시했다. 그밖에 양성된 자연환경안내자의 활동현황, 강의록을 구할 수 있는 방법, 강의 내용과 실습방법 등에 대한 문의도 이어졌다.

대부분 산림공무원인 이들의 전화를 받고 나는 생각했다. 왜 많은 산림공무원들이 산림안내자라는 새로운 직종에 관심을 갖는 것일까? 그리고 무엇 때문에 교육내용이나 교재까지도 구체적으로 알고 싶어하는 것일까?

그 답은 우리 사회가 산림을 어떻게 바라보는가에서 쉽게 찾을 수 있을 것이다. 우리 사회가 산림을 복합자원으로 인식하는 것처럼 산림을 관리·운영하는 주체들도 산림이 보유하고 있는 복합적인 기능을 인식하기 시작했으며, 그러한 인식의 기반 위에 시민사회가 새롭게 요구하는 기대에 부응하고자 산림안내자 제도에 관심을 갖는 것으로 생각할 수 있다. 산림에 대한 변화하는 시민들의 욕구를 현장의 산림공무원들은 이미 정확하게 인식하고 있는 셈이다.

지난 해 7월 산음 자연휴양림에서 있었던 산림체험행사가 채널 13인 EBS(교육방송)의 '하나뿐인 지구' 시간에 방영된 뒤에도 같은 경험을 했다. 그 프로그램을 시청했던 여러분이 산림체험 프로그램에 관심을 가지면서 그 때 사용된 안내책자(self-guided booklet)와 산림체험 프로그램에 대한 문의를 필자에게 했다. 자연파괴나 산림훼손이 단골 메뉴로 등장했던 것처럼 '하나뿐인 지구'의 큰 흐름은 단연 환경보존이었다. 그러나 그 때 방영된 산림체험 행사에는 환경보존이라는 슬로건을 찾아볼 수 없었다. 대신 인간과 자연이 화합할 수 있는 문화공간으로서 숲이 조심스럽게 제시되었을 뿐이다. 그런데도 많은 이들이 관심을 표명한 이유는 무엇일까?

그 답 역시 산림을 바라보는 국민의 변화된 시각에서 찾을 수 있을 것이다. 산업화로 악화된 환경 속에서 살아가는 우리 국민이 인식하는 산림은 치산녹화기에 인식했던 산림과 다를 수밖에 없다. 산림안내인 제도나 산림체험 프로그램이 필요한 이유도 여기에 있다. 그러나 안타깝게도 우리는 산림안내인에 대한 법적 제도적 장치가 없고 적절한 산림체험 프로그램도 많지 않다.

법적 제도적 장치의 첫걸음은 산림안내인 제도를 도입하기 위한 조례 또는 규정을 농림부나 산림청에서 제정하는 일로, 그 구체적인 내용은 산림안내인 자격을 인증하는 검증기관과 자격증 제도를 들 수 있다. 그 다음으로 준비해야 할 일은 원하는 사람을 대상으로 산림안내인 양성교육을 실시하는 것이다.

제도적 장치만 준비되면 산림안내인 양성 교육은 오히려 쉽게 해결할 수 있을 것이다. 임업연수원(임협의 훈련원)이 주체가 되어 현직 산림공무원

(임협직원)을 대상으로 산림안내인이 갖추어야 할 다양한 소양교육을 직무교육과 곁들여 실시하면 되기 때문이다. 특히 산림공무원(임협직원)은 산림 관련 분야에 대한 소양을 이미 충분히 갖추고 있기 때문에 산림안내에 필요한 자연해설, 자연관찰, 야외활동, 구급처지 분야를 직무교육이나 소양교육으로 익힐 수 있다면 퇴직 후에도 산림안내인으로 계속 활동할 수 있을 것이다.

산림공무원(임협직원)을 대상으로 산림안내인 교육을 실시할 경우, 자연안내인이 되기를 원하는 일반인과 달리, 전문화된 산림안내인으로도 활동할 수 있을 것이다. 즉 임업체험 전담 안내인(가지치기, 간벌, 제벌 등의 숲 가꾸기 방법을 시민에게 전문적으로 지도함), 산림체험 전담 안내인(자연을 찾고자 원하는 시민에게 산림이 포용하고 있는 다양한 자연생태계를 해석하고 안내함), 자연휴양림 전담 안내인(국가 및 시, 도, 군에서 운영하는 자연휴양림을 찾는 시민에게 자연휴양림에서 제공하는 다양한 산림문화행사를 기획하여 운영함), 국유림 전담 안내인(소광리 소나무 숲처럼 시민이 즐겨 찾는 국유림의 특성과 가치를 안내함), 산림 레크리에이션 전담 안내인(산림에서 즐길 수 있는 야외 레크리에이션을 개발·보급하고 지도함), 국공립 수목원 및 산림박물관 전담 안내인 등이 그러한 예일 것이다.

산림공직자를 대상으로 다양한 전문 산림안내인 양성 교육이 현실화되면 어떤 효과를 기대할 수 있을까? 우선 산림공직자는 본인이 원할 경우, 퇴직 후에도 국가와 사회를 위해 봉사할 수 있는 기회를 갖게 되므로 산림직이라는 직무에 자긍심을 가질 수 있을 것이다. 또한 국가와 시민사회는 자연자산의 육성과 보호에 퇴직 산림공직자들의 경험을 활용할 수 있을 것이다.

다시 말하면 산림안내인 제도는 산림과 연을 맺고 있는 우리 모두가 사회에 기여할 수 있는 새로운 영역을 창출하는 시도라 할 수 있다. 또한 이 제도는 침체된 산림분야를 활성화시킬 수 있는 하나의 대안도 될 수 있을 것이다.

산림청은 일선 산림공직자들이 관심을 갖는 산림안내인 제도를 전향적인 자세로 검토해야 한다. 임업연수원(임협 산하의 훈련원) 역시 산림안내인 양성에 필요한 적절한 프로그램을 준비해야 한다. 산림에 대한 국민의 인식이 변하는 것처럼 산림을 관리하는 주체들도 변해야 한다. 전향적인 사고가 필요한 시점이다.

옳은 숲 해설활동을 위하여

현직 대학 교수 2명, 서울주재 유럽연합 대표부 홍보담당관, 정부투자 연구소의 박사급 연구원, 전·현직 교사 3명, 언론사 직원, 출판 종사자 2명, 시민단체 활동가 3명, 박사과정과 석사과정의 학생. 각자의 분야에서 한몫 씩을 하는 사람들이 지난 4월 10일 이래로 매주 화요일과 목요일 저녁이면 한 자리에 모이고 있다. 대부분이 대졸 학력을 가진 30대에서 60대 후반의 사람들이 모여서 하는 일은 숲에 대한 전문 강의를 두시간씩 듣는 일이다. 숲 해설가 협회에서 개설한 제2차 숲 해설가 교육을 수강하는 35명에 대한 이야기다.

남녀의 성비가 남성이 2:1 정도로 많지만 이들의 수강태도는 진지하다 5번 이상 수업을 빠지면 수료증을 줄 수 없다는 주최측의 원칙 표명도 있었지만 매시간 강의에 빠지는 사람은 거의 없다. 이 프로그램은 그 성격상 실내 강의로만 이루어질 수 없다. 총 30여 회 진행되는 이 프로그램은 실내 강의와 함께 10여 회는 숲에서, 계곡에서, 그리고 휴양림 현장에서 관찰과 실습과 실연으로 짜여 있다.

그래서 주중의 야간 강의와는 별도로 토요일 오후의 실습은 다반사고, 교육은 일요일까지 이어지기도 한다. 하루 하루의 삶이 다람쥐 쳇바퀴 돌 듯이 빈틈없는 우리네 일상에 특히 주말에 시간을 낸다는 일은 쉬운 일이 아니다. 그러나 이들은 모든 것을 희생하고 이 교육 프로그램에 개개인의 시간을 최우선으로 투자하고 있다. 무엇이 이들로 하여금 숲 해설교육에 참여하게 했을까?

그 답은 이들의 입을 통해서 보다는 오히려 일 가족 세 사람이 이미 숲 해설가로 활동중인 이재승·최선자 부부와 그들의 딸, 이민경 선생의 입을 통해서 대신 들을 수 있다. 이재승 부부는 삼봉휴양림에서 숲 해설 활동을 하고 있다. 언젠가 숲 해설가를 위한 재교육 시간에 지나가는 말로 어리석은 질문을 던졌다. 숲 해설가의 어떤 점이 좋길래 이 선생은 부인은 물론이고 따님까지 숲 해설활동에 나서게 하셨냐고. 내 우문에 대한 그의 답은 간단했다. "숲이 좋잖아요." 이 선생은 국민대에서 98년에 개설한 자연환경안내자 교육 프로그램을 수료했고, 부인은 협회의 2000년 겨울 자율학습프로그램을, 따님은 2001년도에 개설한 제1회 숲 해설가 교육을 이수했다.

휴양림에서 펼쳐지고 있는 숲 해설활동의 효과는 수도권 인근의 자연휴양림에서 찾을 수 있다. 산음자연휴양림 산림휴양문화관 앞에는 매주 일요일 오전이면 30여 명의 휴양객이 모인다. 숲 해설을 듣기 위해서 자발적으로 모인 휴양객들이다. 숲 해설가가 있어도 해설활동을 요청하는 사람이 없는 다른 휴양림의 형편을 고려할 때, 이런 사실은 새롭다. 그러나 십수 개월째 매주 숲 해설 활동을 해오고 있는 산음자연휴양림에서는 신기할 것도 없고 새로울 것도 없다. 산음 휴양림의 고정 프로그램으로 일상화되었으니까 말이다.

산음자연휴양림의 숲 해설활동은 전국의 휴양림 중에서 가장 왕성한 곳으로 사람들 입에 회자되고 있다. 수도권 인근에 위치한 지리적인 이점도 있지만 오히려 이렇게 성공적으로 숲 해설활동이 정착된 이유는 오히려 다른 데서 찾을 수 있다. 그것은 숲 해설가의 역할을 일찍부터 인식한 북부지방산림관리청의 행정적 지원, 해당 휴양림 팀장의 헌신적 노력, 숲 해설가협회의 적극적 참여, 그리고 짜임새 있게 만들어진 숲 체험 코스와 해설서 덕분이라고 할 수 있다.

이런 모든 요인들이 통합되어 하나의 화음으로 표출되는 것이 바로 산음자연휴양림의 숲 해설활동이다. 말이 나온 김에 조금 덧붙이면 산음자연휴양림의 산림체험코스와 해설안내서는 이미 유명세를 타고 있다. 체험코스와 안내서는 수문출판사(1999)가 펴낸 단행본, 〈숲 체험 프로그램-이론과 실제〉에 활자화되었고, 인터넷을 이용하여 현장체험 학습경험을 가상공간에서도 할 수 있도록 '현장체험학습원'이 개설한 홈페이지(http://www.cosguide.com/)에서도 '숲속자연체험'이란 이름으로 제공되고 있기 때문이다.

중미산자연휴양림의 숲 해설 사례도 우리들이 한번쯤 진지하게 새겨들을 필요가 있다. 이 휴양림은 주변 휴양림과 비교할 때 상대적으로 시설이 좋지 않다. 좋지 않은 것이 아니라 빈약하기 짝이 없다는 표현이 더 정확할지 모른다. 산림문화휴양관은 물론이고 갖가지 편의시설이 구비된 통나무집도 없다. 그러나 휴양객들은 일요일만 되면 숲 해설을 듣기 위해 중미산휴양림으로 모여든다.

숲 해설의 단골손님은 중미산 초입에 자리잡은 한화콘도의 회원들이다. 처음에는 몇몇 투숙객들이 개별적으로 숲 해설 활동에 참여했지만 요즘은 입소문이 번져서 오히려 콘도에서 교통편을 무료로 제공하여 투숙객에게 숲 해설가의 안내를 받도록 권유하기에 이르렀다. 그래서 중미산휴양림의 숲 해설 활동은 한화콘도만의 차별화 사업의 일환이 되었다. 휴양림도 살고, 콘도도 살 수 있는 윈-윈 게임의 좋은 사례다.

비교적 저렴한 편의시설을 이용하기 위해서, 그리고 여름 휴가철을 지낼 목적 때문에 자연휴양림을 특정 계절에만 찾는 일부 이용자들보다는 더 많은 사람들이 평소에도 휴양림을 찾을 수 있도록 우리들이 적극적으로 원용해야 할 사례가 여기에 있다. 바로 각 휴양림별로 차별화 된 전문 숲 해설 활동이 그것이다.

많은 사람들을 자연스럽게 숲으로 끌어들이는 숲 해설활동이 왜 전국의 모든 휴양림에서 이루어지지 않고 오직 북부지방산림관리청 산하의 휴양림에서만 활발하게 진행되는 것일까? 그 솔직한 답은 숲 해설을 담당할 전문 숲 해설가들이 북부청 산하의 휴양림에만 포진하고 있는 반면에 다른 휴양림에는 별로 많지 않다는 데서 찾을 수 있다. 산림청에서 위촉하는 숲 해설가들은 소수를 제외하고는 대부분 숲 해설 경험이 없는 분들이다.

지난 10여 년 간의 경험에 비추어볼 때, 임업에 대한 지식 또는 생물학에 대한 지식만으로는 결코 옳은 숲 해설을 할 수 없다. 숲 해설 기법, 야생동식물, 생태학적 소양을 쌓는 전문적인 과정을 이수해야 만이 할 수 있는 일이 바로 숲 해설 활동이다. 산림이나 임업에 대해서 조금 알거나 경험이 있다고 해서 누구나 숲 해설을 할 수 있다고 생각하면 오산이다.

그러나 아쉽게도 숲 해설활동에 대한 산림청(또는 지방관리청)의 업무는 숲 해설가 모집공고와 위촉장 수여로서 끝이다. 위촉한 해설가에게 전문성이나 창의성을 제고시키기 위한 어떤 교육프로그램도 자체적으로 없다. 그러니 형식적일 수밖에 없다. 산림청은 올해로서 3회째 숲 해설가를 위촉했다. 숲 해설활동에 필요한 적절한 정책(법적 제도적 자격 인증제도, 양성방법, 재교육 프로그램 개설, 적절한 처우 등)을 수립할 때다.

지난 5월과 6월에 자연휴양림에서 개최된 숲속 문화체험 행사에 참석한 70가족 300여 명에게 행사내용에 대한 설문조사를 했다. 특히 인상적인 것은 3번째 문항, "오늘 행사에서 가장 좋았던 점은 무엇입니까?"에 대한 응답자들의 반응이었다. 참가자들의 70%가 "숲 해설'이 가장 좋았다"라고 응답했고, 20%가 '행사전체', 그리고 '민요감상 및 배우기', '시낭송' 순으로 답했다. 왜 옳은 숲 해설활동이 필요한지 알 수 있는 대목이다.

옳은 산림문화 기획자를 고대하며

지난 4월에는 산림문화와 관련된 의미 있는 행사가 두 가지 있었다. 생각하건대 100년에 한번 있을까 말까한 아주 소중한 기회였지만 안타깝게도 우리는 그냥 평범한 행사로 흘러보내고 말았다. 바로 숲의 명예 전당 건립과 경북 울진의 국유림에서 경복궁 복원에 필요한 소나무재의 공급이 그것이다.

사람에 따라서는 두 행사에 별다른 의미를 두지 않을 수도 있다. 기념 조형물 하나 만드는 일에, 또는 흔하디 흔한 소나무 몇 그루 베어내는데 무엇 때문에 그리 호들갑을 떠느냐고 반문할 수도 있다. 그러나 우리 사회의 마음에 나무나 숲을 심는 일을 한답시고 10여 년 떠들어왔던 나의 입장에선 앞선 세대와 그들이 만든 숲한테, 그리고 우리 소나무한테 그냥 평범하게 흘러보낸 두 행사가 대단히 부끄러웠다.

숲의 명예 전당은 하루아침에 만들어지는 것이 아니다. 마치 숲이나 명예가 하루아침에 이루어지지 않듯이 결코 단숨에 만들어 질 수 없는 것이 명예의 전당이다. 가난하고 어려웠던 지난 세월에 국가발전과 민족번영의 근본을 치산치수에서 찾았던 국정의 책임자로부터 주린 배라도 채우고자 배급식량으로 나무심기에 나선 아이를 업은 촌부에 이르기까지 온 국민이 합심하여 만든 것이 우리 숲이고 우리의 국토녹화였다.

30여 년에 걸친 각고의 노력이 있었고, 국토녹화에 대한 굳은 의지가 세대를 이어 왔기에 우리는 숲이라는 이름을 걸고 명예의 전당을 가질 수 있게 되었다. 권력과 경제력만으로는 결코 만들어 낼 수 없는 그 소중한 명예를 임업(학)계 전체가 얻는 드문 기회를 우리는 옳게 활용하지 못했다.

20세기에 성취한 국가의 대표적 업적이라고 스스로 자임하는 정부나, 한

민족이 이룬 '한강의 기적 중의 기적'이라는 찬사를 아끼지 않는 외국 유수 언론의 인식에 걸맞는 행사를 했어야 했는데 우리는 1회성 해프닝으로 끝내고 말았다. 우리 세대에 지난 세기에 이룬 국토녹화 같은 문화사적 과업을 또 다시 실현할 수 있는 기회는 다시 올 수 없다고 단언할 수 있다. 그래서 백년에 한번 있을까 말까한 그 아까운 기회를 우리는 놓쳤다.

지난 세기를 보내고 새로운 세기를 맞는 기점서 지난날의 공과를 엄정하게 평가하면서 잘못된 것은 잘못된 것대로, 잘된 것은 잘된 것대로 정리하여 산림 복구의 의미와 숲의 소중함에 대해서 국민에게 다시 한번 생각할 수 있는 기회를 줄 수 있었던 산림문화 행사가 바로 숲의 명예전당 건립이라고 생각한다. 그러나 너무 서둘러 일을 추진하다 보니 임업(학)계의 동참도 적극적으로 끌어들이는데 서툴렀고 국민적 관심도 옳게 모으지 못했다. 식목일에 맞추어 조급하게 진행된 그 말못할 속사정에 대하여 이러 저러한 속된 세평을 어떻게 피해갈지 자못 궁금하다.

조선의 정궁인 경복궁의 복원에 사용될 소나무재를 국가에서 공식적으로 공급하는 일도 우리 소나무의 우수성은 물론이고, 우리 문화 깊숙이 자리잡은 소나무의 상징적 의미를 적극적으로 알릴 수 있는 좋은 기회였다. 그러나 신문기사 서너 줄, 또는 벌채 장면이 몇 초 동안 방영되는 텔레비전의 1회성 뉴스로 끝나고 만 것은 숲의 명예전당 건립과 별반 다름없었다. 경복궁 복원이 어제오늘에 시작된 일이 아니지만, 국가에서 복원에 필요한 소나무재를 공급하기로 한 것은 여러 가지 의미를 갖는 행사라 할 수 있다.

국내에서 소나무 대경재를 확보하는 일은 쉬운 일이 아니었다. 물론 사유림이나 고속도로 건설로 벌채된 소나무를 경복궁의 복원이나 기타 주요건물의 건축에 필요한 목재로 충당했던 것은 사실이다. 그리고 국내에서 대경재를 쉽게 구할 수 없는 형편 때문에 중국의 장백송이나 미국의 미송을 사용했던 것도 사실이고, 그런 과정에 몇몇 문제점들이 발생해서 사회적 관심을 끌기도 했다. 사정이 이러하니 공식적으로 정부에서 경복궁 복원에 필요한 소나무재를 공급하기로 정책을 수립하고, 그 일을 최초로 시행한 첫 사례는 귀중한 산림문화행사일 수밖에 없다.

어떻게 생각하면 정부에서 선조들의 귀중한 문화유산을 보수하거나 복원하는데 소나무 국유림을 지속적으로 관리하여 원활하게 공급할 계획을 세운 일 자체는 지난 1백여 년 이상 맥이 끊긴 조선시대의 금산이나 봉산의 전통을 이어받는 것이라고 감히 주장할 수도 있다. 국가가 소유한 소나무 숲에서 수백 년 뒤에 올 우리의 후손들에게 물려줄 귀중한 문화유산인 경복궁을 복원하는데 필요한 목재를 공급하는 의미 있는 일에도 임업(학)계의 우리들은 그 귀한 기회를 흘려보내고 말았다.

문화관광부장관, 문화재청장, 도지사, 한국건축 전문가는 물론, 문화재에 관심이 있는 문화예술인, 경복궁 복원을 총괄하는 도편수, 산림청장, 그 산을 책임지고 관리하던 국유림 관리팀장이 주민, 산림학자와 함께 참석하여 수백 년을 이어갈 귀중한 문화유산의 자원으로 자란 소나무와, 그 소나무를 길러낸 산에 대하여 고마움을 표할 수 있는 적절한 벌채 의식을 가졌더라면 어떠했을까?

그러한 산림문화 행사가 만일 열렸다면 국민 모두는 우리 문화 속에 소나무가 어떻게 자리잡고 있는지를 절실하게 느끼고, 오늘날 거의 방치한 채 내버려둔 우리 소나무 숲을 어떻게 관리해야 하는지를 다시 한번 생각할 수 있는 기회로 활용될 수 있지 않았을까? 그러나 안타깝게도 현실은 오히려 집안 잔치인 산림문화축제 행사보다도 더 못한 1회성 해프닝으로 끝나고 말았다.

우리 산림의 중요성을 국민의 가슴 속에 올곧게 심을 수 있는 두 번의 소중한 기회를 그냥 흘러보내는 것을 지켜보면서 여러 가지 상념이 머리를 어지럽혔다. 그리고 내린 결론은 오히려 단순했다. 산림행정의 책임자나 고위관료는 옳은 산림 문화기획자가 되어야 한다는 깨달음이었다.

시민사회의 특성상 산림정책의 성공여부는 산림에 대한 국민적 동의의 획득 여부에 달렸다고 해도 과언이 아니다. 산림정책에 대한 국민적 동의는 국민의 마음에 산림을 효과적으로 심는 일(산림문화)과 다르지 않다. 국민의 마음에 나무나 숲을 효과적으로 심는 일을 그래서 산림 문화기획이라고 할 수 있고, 그러한 일을 추진할 수 있는 사람을 산림 문화기획자라고 부를 수 있다.

허나 냉엄한 현실은 산림행정의 책임자나 고위관료들은 원하든 원치 않든 간에 산림 문화기획자가 될 수밖에 없다는 점이다. 그러나 아무나 산림 문화기획자가 될 수 있는 것은 아니다. 가슴 속에서 우러나오는 산림에 대한 애정이 있어야 하며 체질화된 전문성이 있어야 만이 가능한 일이다.

춘양목 문화축제

농협 서울지역본부 관리위원의 직함을 가진 권항기 선생의 전화는 의외였다. 권선생이 강의를 나가는 공주대학교에서 학생들이 교재로 사용하는 나의 졸저 『산림문화론』을 보고 전화를 걸게 되었다면서 소나무에 대한 특강을 해 달라는 것이었다. 경북 봉화군 춘양초등학교 동창회장이라고 밝힌 권선생은 해마다 개최하는 동창회를 좀 더 뜻 있는 행사로 진행하기 위해서 작년부터 '춘양목 문화축제' 란 이름으로 동창회를 개최중이라고 소개하면서 '춘양목의 문화적 가치' 에 대한 특강을 부탁한다고 했다. 고속도로가 뚫렸다지만 여전히 교통편이 좋지 않은 춘양 걸음을 단 한번의 전화 통화로 망설임 없이 수락한 것은 초등학교 동창회에서 춘양목 문화축제를 개최한다는 신선함과 그 행사내용에 대한 궁금증 때문이었다.

전화통화로 막연히 가졌던 춘양목 문화축제에 대한 궁금증은 보내 준 초대장으로 보다 확실해졌다. 초대장에는 춘양목 문화축제의 의의를 다음과 같이 밝히고 있었다. "힘찬 정진을 상징하는 상하의 계절입니다. 태백산 정남향이며 경상북도 최북단의 산림 청정지역에 위치한 심심 산촌의 전통 고장인 춘양에서 전국의 산촌, 산림 애호가 여러분과 춘양지방의 주민 여러분 및 춘양초등학교 동문 여러분을 모시고 춘양목의 늠름한 기상, 곧고 굳굳한 삶의 의지와 강인한 인내심을 되새기며 모든 춘양인의 긍지요 동물들의 정신적 지주로 자리 매김한 춘양의 정서와 향기를 마음껏 느껴보고자 제2회 춘양목 문화축제 행사를 개최합니다. 부디 두루 오셔서 산촌문화에 흠뻑 젖어 주시기 기대하면 애향심과 고향에 대한 자긍심을 키우며 새로운 도약의 발판이 되시기 바랍니다."

게릴라성 집중호우로 봉화와 춘양지방에는 8월 9일까지 500mm 가까운 비가 내렸지만 제2회 춘양목 문화축제는 춘양초등학교에서 예정대로 8월 10일 오후 2시에 개최되었다. 춘양목 문화축제는 모두 4부로 진행되었다. 제1부는 춘양목 양묘장 방문, 춘양목 전통가옥 및 정자 방문, 춘양목 군락지 걷기. 제2부는 춘양목 영상자료 및 챠트전시, 춘양목의 문화적 가치 특강. 제3부는 동창회 행사로 자랑스런 만남. 제4부는 춘양목 축제의 밤으로 축시와 축제의 노래, 노래자랑 등으로 이어졌다. 관에서 주관하는 문화행사에 비해 비록 짜임새는 부족했지만 춘양목 문화축제는 춘양목을 통한 향토사랑의 소박한 정성이 녹아 있는 지역의 잔치였다.

춘양목이라는 이름은 1955년 7월에 개통된 영암선의 한 역인 춘양역에서 싣고 온 소나무에서 유래되었다. 봉화, 울진, 삼척 등지에서 벌채된 우수한 소나무는 인력, 우마차, 트럭 등에 의해서 춘양역에 집재되었고, 이 질 좋은 소나무들은 다시 열차편으로 서울 등 대도시로 실려나감으로 춘양목이라는 이름을 얻게 되었다. 한편 서울과 대도시 등 외지에서는 춘양목이라는 소나무의 속명이 유명했지만, 정작 춘양지방에서는 춘양목이라는 속명은 별로 사용하지 않고 적송, 백송, 반백(半白)으로 나누어 불렀다고 한다.

춘양목은 기록에 의하면 1975년 이후 사실상 사라졌다고 할 수 있다. 춘양역의 소나무 화물 발송량에 대한 기록을 보면 1955년에 1,200여 톤을 시발로 약 20여 년 동안 12만 8천여 톤의 소나무가 춘양역에서 서울을 비롯한 전국의 대도시로 실려나갔다. 1975년 14,195톤의 소나무를 춘양역에서 실어낸 이후 1976년부터는 더 이상 소나무 운송에 대한 기록을 찾을 수 없다.

춘양역에서 질 좋은 소나무를 실어낸 지 50여 년이 가까워 오는데도 여전히 질 좋은 소나무의 대명사로 소나무에 관심이 많은 이들의 입에 춘양목이 오르내리는 이유나 춘양초등학교 동창회가 춘양목 문화축제를 개최하는 이유는 무엇일까? 그것은 춘양목이 가진 상징성 때문일 것이다. 춘양목(또는 금강송, 강송)은 곧게 자라는 소나무를 상징한다. 그래서 이 땅의 소나무도 외국의 소나무처럼 장대하게 자랄 수 있음을 증명하는 것이 바로 춘양목이라 할 수 있다.

한편 춘양목은 뛰어난 재질을 가진 소나무를 상징하기도 한다. 춘양목은 재질면에서 심재율(몸통 속이 붉은 부분)이 87%인데 비해서 일반 소나무는 52%로 몸통 속이 꽉 찬 소나무이며, 압축강도는 춘양목이 640kg인 반면에 일반소나무는 430kg, 휨강도는 춘양목이 975kg인 반면에 일반 소나무는 741kg으로 조사되어, 재질적 특성이 일반 소나무에 비하여 훨씬 뛰어남을 알 수 있다. 따라서 춘양목의 상징성은 조림적 가치가 뛰어난 우리 소나무의 원형이라고 할 수 있다.

산에 자라는 소나무가 문화라는 이름을 달고 사람들 곁으로 내려온 계기는 10년 전에 대관령 자연휴양림에서 '소나무와 우리문화'란 주제로 숲과 문화 연구회에서 개최한 학술토론회 덕분이라고 할 수 있다. 소나무와 각별한 인연을 맺고 있는 산림학자와 함께 시인, 화가, 농부, 민속학자, 국문학자, 미학자, 도편수, 출판인과 많은 소나무 애호가들이 대관령 자연휴양림의 솔숲 속에서 3일 동안 함께 숙식을 같이하면서 소나무의 가치와 아름다움에 대한 생각을 서로 나누는 축제의 자리였다. TV 라디오 신문 잡지 등에서 이 소나무 사랑 축제를 소개하였고, 소나무는 다시 한번 국민의 관심을 끌게 되었다.

이와 유사한 사례는 최근에도 있었다. 2년 전에 동부지방산림관리청이 주최한 강릉지방의 소나무 축제, 작년과 재작년에 경북대 홍성천 교수가 주도하여 울진군에서 개최한 소나무 학술회의, 지난 해 산림청이 주최한 정이품송 혼례식 등도 소나무를 사람들 곁으로 한 걸음 더 다가오게 했던 행사였다.

젊은 세대는 옳게 인식하지 못할지 모르지만 장년층은 여전히 질 좋은 소나무로 춘양목을 기억하고 있다. 따라서 춘양지방의 문화적 정체성은 춘양목이 대변하고 있다고 할 수 있다. 과문한 탓인지 몰라도 주민에 의한 향토사랑의 정신을 소나무로 승화시키는 예는 춘양목 문화축제가 전국에서 유일한 사례일 듯싶다.

그러나 이 기회에 다시 한번 강조해야 할 것은 소나무와 관련된 향토의 문화축제가 성립되고 지속되기 위해서는 춘양(봉화), 울진, 삼척, 강릉 등지에서 소나무(금강송, 강송)가 변함 없이 무성하게 자라야 한다는 점이다. 아쉽게도 이 땅에서 수백만 년 이상 생육해 왔던 소나무는 오늘날은 점차 사라져 가고 있다.

한때 남한 산림면적의 60%가 소나무로 덮여 있었던 적도 있었지만, 솔잎혹파리와 소나무 재선충에 의한 피해와, 산불과 수종갱신 등의 원인으로 오늘날은 소나무 숲의 면적이 점차 감소하고 있다. 현재는 남한 산림면적의 30% 내외 만이 소나무가 자라고 있다. 설상가상으로 최근의 신문기사는 지구온난화의 여파로 100년 이내에 이 땅에 소나무가 사라질 것이라고 보도하고 있다. 소나무가 점차 쇠퇴하는 상황에서 소나무를 어떻게 해야 될 것인지에 대한 고민을 학계에서는 적극적으로 모색할 필요가 있다. 21세기의 대표적 조림수종 브랜드로 참나무와 함께 소나무를 육성할 계획이라는 산림청도 보다 구체적인 실천 방안을 제시해야 할 것이다.

조림성공지는 훌륭한 생태문화자원

강풍이 몰아치는 대관령 일대를 울창한 숲으로 만든 것을 직접 둘러보고 정말 인간의 노력이 대단하다는 것을 다시 한번 느꼈다", "대관령 특수조림지에서 평창국유림 관리소장의 말씀을 들었을 때, 그분의 한마디 한마디에서 숲에 대한 강한 애정과 열정이 있음을 알 수 있었다. 그 모습이 너무나 아름다워 보였다. 나도 나중에 그분과 같은 자리에 있게 될 수 있을 텐데, 과연 나도 그런 모습으로 산을 가꿀 수 있을까 하는 생각을 잠깐 해봤다" 사제동행 세미나 시간을 이용해서 지난 4월말에 둘러본 대관령 특수조림지에 대한 학생들의 감상문 내용이다.

조림학을 가르치는 교수의 입장에서 백 마디의 말보다 한번이라도 조림성공지의 현장을 직접 보여주는 것이 중요하다고 생각하여 행동으로 옮긴 것이 조림성공지 현장을 찾는 일이었다. 작년에 이어서 올해도 계속되고 있는 사제동행세미나를 통해서 학생들은 학생들대로 느낀 점이 많았고 교수는 교수 나름으로 느낀 점이 많았다. 생각만 바꾸고 조금만 준비를 하면 훌륭한 생태문화상품이 될 수 있는 생명자원을 임업계의 우리들은 왜 방치해 놓고 있는가 하는 아쉬운 생각이 들었다.

대관령 특수조림지는 헐벗은 국토를 녹화시키겠다는 국정책임자의 의지와 임업계 선배들의 염원이 담겨 있는 살아 있는 현장이다. 수많은 조림지와 마찬가지로 대관령 숲이 특별한 의미를 갖는 이유는 복구가 거의 불가능하리라 여기고 있던 황량한 고원지대를 마침내 울창한 숲으로 변모시켰기 때문이다. 대관령 일대의 숲은 숲을 조성하는데 극히 나쁜 환경 조건(짧은 생육계절과 극심한 추위와 강한 바람과 엄청난 적설)을 인간의 의지로 이겨내고 이룩해낸 성공 사례이기에 더욱 의미 있다.

그리고 이 모든 일은 국정책임자의 직접지시에 따라 10여 년 동안 숲 조성의지를 초지일관 관철했던 산림당국의 다양한 모색이 있었기에 가능했던 일이기도 하다. 황량하고 삭막하던 대관령 일대는 오늘날 아름다운 수해로 변했다. 1974년부터 1986년까지 13년 동안 대관령 일대의 약 1백만 평(311ha)고원지대에 심었던 전나무, 잣나무, 낙엽송, 독일가문비, 자작나무, 오리나무, 물갬나무는 아름다운 자태로 우리들 곁에 다가오고 있다.

그러나 하루에도 수만 명이 대관령을 지나치지만 과연 이 지역 숲의 조성과정을 기억하는 사람은 몇이나 될까? 옛날 이 지역의 모습은 어떠했으며, 오늘의 모습을 만들기 위해서 산림공직자들은 어떤 노력을 했는지 아는 사람은 몇이나 될까? 그리고 오늘도 방풍망과 방풍책, 지주목의 설치 같은 특수한 방법으로 숲을 만들기 위한 노력이 대관령 일대에서 계속되고 있는 것을 아는 사람은 몇이나 될까? 산림학을 전공하는 대학생들조차도 감동의 대상이 되고 있는 이런 조림성공지를 우리는 주변에 수없이 많이 가지고 있다.

대관령 특수조림지의 사례처럼 우리 주변의 조림성공지는 훌륭한 생태문화자원이라고 할 수 있다. 아쉽게도 우리는 이런 문화자원을 옳게 활용하지 못하고 있다. 그 근본적 이유는 우리 모두의 경직된 사고의 틀 때문이라고 할 수 있다. 우리 주변의 흔하디 흔한 인공조림지가 어떻게 생태문화자원이 될 수 있으며, 또 어떻게 생태관광상품이 될 수 있을까 하고 반문하는 사람을 위해서 재삼 거론하는 것이 민망스럽지만 다시 한번 장성의 삼나무 편백 숲을 들먹일 수밖에 없다.

인천공항에서 4월 20일자 한겨레신문을 펼쳤을 때 내 놀람은 컸다. 신문

전면에 장성의 삼나무 편백 숲이 소개되고 있었기 때문이다. 그런 놀람은 계속되었다. 일간스포츠(4월 26일), 문화일보(4월 27일), 국민일보(5월 3일), 경향신문(5월 5일)에서 비슷한 지면의 기사와 사진이 계속되었기 때문이다. 과문한 탓인지 몰라도 산림청이나 산림조합이 공을 들여서 벌이는 다양한 이벤트성 행사가 수없이 많지만 이렇게 대대적으로 특정한 한 숲이 소개되는 예는 좀처럼 찾아볼 수 없다.

장성군이 벌인 홍길동 축제행사는 오히려 귀퉁이를 차지하고 임종국 선생이 만든 삼나무 편백 숲이 '아름다운 숲'으로 선정된 사연이나 또는 훌륭한 숲을 만든 개인의 집념이 소개되는 것을 보고 많은 것을 느끼지 않을 수 없었다. 눈길 가는 우리 주변의 모든 숲이 이런 사연이 없는 숲이 없을 텐데 우리들은 정작 우리들이 만들어낸 숲의 가치를 옳게 인식하지 못하고 있는 것은 아닐까 하는 반문이 생겼음은 물론이다.

장성의 삼나무 편백 숲이 언론의 관심을 갖게된 사연은 향토애와 숲에 대한 애정이 투철한 장성군 변동해 계장의 헌신적 노력으로부터 시작된다. 그는 생활민원과에 근무하고 있음에도 불구하고 임종국 선생이 만든 장성의 삼나무 편백 숲의 가치를 남보다 먼저 인식한 공직자다.

그래서 장성의 숲이 이름을 얻기 훨씬 전부터 숲을 찾는 많은 사람들에게 그 숲의 진가와 의미를 일깨워주었음은 물론이다. 임종국 선생의 숲을 알리고자 쏟은 그의 지속적인 노력은 장성의 숲을 오늘날 한번쯤 방문해야 할 국내의 생태적 명소로 만들었음은 물론이다. 물론 홍길동 축제란 이벤트성 문화행사를 숲과 함께 연계하여 기획한 장성군의 노력을 과소평가할 수 없다. 우리들이 벤치마킹해야 할 귀중한 사례다.

어떻게 하면 하나의 생태문화상품으로 조림성공지를 활용할 수 있을까? 그 답은 오히려 간단하다. 조림성공지 답사 행사를 각 지역에서 다양하게 개최하고 있는 산림문화행사와 연계하는 것이다. 산림청은 식목일과 숲 가꾸기 기간을 이용하여 두세 번의 국가적 이벤트성 산림문화행사만 기획 집행하고, 나머지 산림문화행사는 일선 조직에 일임하자는 것이다. 중앙에서 모든 것을 시시콜콜 관여하지 말고, 오히려 지역의 관리책임자(지방청장, 관리소장, 휴양림팀장)에게 산림문화행사를 기획하고 집행할 수 있는 재량권을 주자는 것이다.

지역의 관리책임자는 해당 지역의 숲을 가장 정확히 아는 사람이고, 따라서 지역의 특성에 맞는 독특하고 참신한 산림문화행사를 가장 잘 기획할 수 있는 사람은 중앙의 관료가 아니라 지역의 관리자다. 탁상에서 만들어진 중앙의 정형화된 틀은 오히려 지방의 창의적 활동을 저해할 뿐이다. 지역의 관리책임자도 투철한 사명의식과 준비된 전문성과 부여된 재량권을 갖추고 있어야 함은 물론이다. 이런 시도는 1회성 이벤트 행사보다 오히려 지속적으로 더 많은 사람들을 숲으로 자연스럽게 불러들일 수 있고, 종국에는 참석자들에게 숲에 대한 이해와 관심을 더욱 쏟게 만들어 우리들이 만든 숲의 가치와 중요성을 인식시킬 수 있는 기회로 활용될 것이다.

숲과 문화 연구회에서 진행하고 있는 아름다운 숲 찾아가기 행사차 천리포 수목원을 찾는 길에 들른 신두리 해안사구에서 나의 놀람은 다시 한번 이어졌다. 모래언덕의 가치를 익히고자 진지함으로 무장된 답사객들의 관광버스가 즐비한 사실에. 교통이 불편한 태안반도의 해안 사구 모래언덕이 생태관광상품이 되는 세상이다. 앞선 세대가 각고의 노력으로 만든 우리들 주변의 조림성공지도 세인의 관심을 기다리고 있다. 우리가 만든 숲이 훌륭한 생태관광상품이 못될 이유는 없다. 우리 모두가 발상을 전환할 때다.

숲에 녹아 있는 역사의 숨결

도토리줍기는 석기문화의 유산

8월 하순에도 간간이 모였지만 사람들이 본격적으로 숲에 모이기 시작한 것은 9월부터였다. 숲에 모인 사람들은 한결같이 한 가지 일에 열중하였다. 사람들의 시선은 숲 바닥에 고정되어 있었고 수시로 허리를 숙였다. 몇몇은 꽤 큰 포대를 쥐기도 했지만 대부분은 한 손에 작은 봉지를 들고 있었다. 발로 풀숲을 헤치거나 간혹 나무를 흔드는 이도 없잖아 있었지만, 옛날처럼 나무 줄기에 떡메를 후려치거나 돌을 던지는 못된 작태는 눈에 띄지 않았다. 몇 되나 됨직한 양을 채운 큰 포대로 수확량을 은근히 자랑하는 부지런한 가족도 눈에 띠었고, 양에는 별로 괘념치 않으면서 줍는 행위 그 자체를 즐기는 사람들도 눈에 들어왔다. 휴일에는 남녀노소가 따로 없었지만, 평일의 이른 새벽이나 한낮에는 주로 중늙은이나 노인네들 일색이었다.

시월로 접어들자 숲 속을 서성이던 사람들의 수도 차츰 줄어들기 시작했다. 좀체 변할 것 같지 않던 녹색의 이파리들이 하나 둘 푸름을 잃어 갈 즈음, 숲 바닥에는 알맹이가 빠져나간 깍정이만 뒹굴게 되었고, 거의 대부분의 도토리를 인간에게 빼앗긴 참나무 숲은 마침내 사람들의 손길로부터 해방되었다.

이 참나무 숲이 눈에 들어온 것은 4월부터 시작한 새벽산책 덕분이었다. 산책은 대부분 새벽시간에 이루어졌지만, 시간을 맞추지 못한 날은 한낮이나 늦은 오후에도 짬을 내어서 거의 매일 계속되었다. 참나무 숲은 호수 주변의 6킬로미터 산책길에 조성된 소나무, 자작나무, 느티나무, 벚나무, 단풍나무, 층층나무로 이루어진 다양한 숲들 중에 한 숲일 뿐이다. 그러나 참나무 숲은 9월 한 달 동안 다른 어떤 종류의 숲보다도 사람들을 많이 끌어 모았다. 예년에 비해 엄청나게 열린 도토리 덕분에.

도토리는 일반적으로 참나무류에 달리는 열매의 보통명사처럼 사용되고 있지만, 참나무의 다양한 종류만큼이나 그 명칭도 다양하다. 즉 굴밤(졸참나무), 상수리(상수리나무), 도토리(떡갈나무)등이 대표적이며, 지방에 따라서는 동갈(갈참나무), 물암(떡갈나무와 신갈나무), 굴참(굴참나무) 등으로도 불리고 있다.

사람들은 한 되에 2,500원밖에 하지 않는 도토리 줍기에 왜 저렇게 열성적일까? 구황식품에 의존하던 옛날과는 달리 한 해 몇 조 원어치의 음식물을 쓰레기로 버리는 세상에 살고 있으면서도 도토리 채취에 열중하는 이유는 무엇일까? 야생동물의 먹이감인 도토리를 만물의 영장이라는 인간이 샅샅이 훑는 행위는 과연 정당화될 수 있을까?

도토리 줍는 광경을 한 달여 동안 지켜보면서 이런 의문이 자연스럽게 떠올랐다. 그러나 주변의 여러분께 이런 의문에 대한 답을 얻고자 노력했지만 이치에 합당한 설명을 구하기란 쉽지 않았다. 그래서 생각해 낸 답이 석기문화에 대한 향수, 채취본능에 대한 욕구 충족이었다. 농경문화가 본격적으로 개화되기 이전에는 수렵과 채취로 삶을 영위하였던 우리이기에 석기문화에 대한 향수는 거의 본능적이라 할 수 있다. 오늘날의 삶이 아무리 물질적으로 풍족하고 더할 나위 없이 편리한 생활을 누리고 있을지라도 500만 년에 걸친 인류의 진화 역사만큼이나 장구한 세월동안 체득한 채취의 습속은 하루아침에 사라질 수 없을 것이다.

수렵과 채취생활로 특징짓는 이 땅의 석기문화는 거의 일백만 년 전으로 거슬러 올라갈 수 있다. 이 땅에 농경이 시작된 시기를 4천여 년 전이라고 상정할 수 있다. 일백만 년의 장구한 세월에 비교하면 농경문화를 꽃피운 지난 4천년의 세월은 실로 짧은 순간이며, 산업사회로 진입한 지난 30여 년의 세월은 찰라와 다르지 않다. 더구나 허기와 주림에서 해방된 시기가 지난 100년 전, 아니 보다 정확하게 말해서 보릿고개를 겨우 벗어난 시기가 지난 30여 년 전이라고 생각할 때, 도토리 줍기를 비롯하여 구황식품을 채취하는 일은 이 땅의 민초들에게 한 세대 전만 해도 낯설지 않는 풍경이었다.

'도토리가 풍년이면 나락농사 흉년이다' 나 '도토리는 들판을 내다보고 열매를 맺는다' 라는 속담이 농민들의 입에 오늘날도 오르내리는 것처럼 도토리는 중요한 구황식품이었고, 참나무는 가장 풍부한 보조식품을 생산하던 나무였다. 이와 같은 사실은 신석기시대의 서울 암사동, 하남 미사리, 양양 오산리, 합천 봉계리 등의 유적지에서 출토된 도토리로서 알 수 있다. 또한 우리나라 최초의 구황서(충주구황절요)에도 도토리가 소나무의 잎과 송기, 도라지, 칡, 토란, 개암, 마, 더덕 등과 함께 중요한 구황식품으로 등장하고 있는 예처럼 도토리는 우리의 삶과 뗄래야 뗄 수 없는 숙명과 같은 존재일지도 모른다.

그래서 큰돈이 되지 않아도, 중요한 먹거리가 되지 않아도 사람들은 여전히 채취본능을 충족시키기 위해서 도토리를 줍는 것은 아닐까. 우리 핏속에 면면히 흐르고 있는 석기문화의 유산이 하루아침에 생성된 것이 아니듯이, 아무리 산업화가 되어도 쉬 사라질 본능 또한 아닐 것이리라. 그래서 참나무를 살리기 위해서 막대기를 휘두르거나 돌팔매질을 하지 말라는 읍소에도, 야생동물의 생존권을 위협하는 도토리 채취 행위를 범할 시에 50만원의 과태료가 부과된다는 협박성 경고에도 아랑곳하지 않고 여전히 채취문화의 전통은 초고속 산업문명이 지배하는 이 순간에도 어김없이 계속되는 것이리라.

도토리를 채취하는 시민들의 습속을 한 달여 동안 지켜보면서 떠오른 생각은 우리 핏속에 흐르는 석기문화의 전통을 충족시킬 수 있는 방안을 긍정적으로 모색해야 할 때라는 점이었다. 채취금지와 벌금부과와 같은 소극적 관리보다는 오히려 석기문화의 유산인 채취습속을 국민 누구나 원하면 체험할 수 있게 적극적으로 준비하는 것이 우리 숲의 가치와 중요성을 알리는 효과적인 방안일 것이란 생각이 들었다. 누구나 가을이 되면 도토리를 채취할 수 있게 대도시 주변의 국유림이나 자연휴양림에 적당한 면적의 참나무 숲을 조성하는 것도 한 방안이 될 수 있을 것이다. 또한 전국에 산재해 있는 자연휴양림에서는 도토리 축제를 열어 맷돌로 도토리 갈기, 도토리 장난감 만들기, 도토리 묵 만들기, 가장 맛있는 도토리 묵 경연 대회 등을 개최하는 것도 좋을 것이다. 이러한 축제는 시민의 관심을 우리 숲으로 끌어 모으는 한편, 산림문화축제의 다양성을 꾀하는 부수적인 효과도 얻을 수 있을 것이다.

리프킨은 재산의 소유 그리고 상품화와 함께 시작되었던 자본주의의 여정이 '시간과 체험의 상품화'라는 새로운 국면으로 접어들고 있다고 그의 저서 『소유의 종말』에서 주장했다. 생각하기에 따라서 참나무 숲을 대상으로 '이야기와 감성을 파는 일, 그리고 시간과 체험을 상품화하는 일'은 이렇게 우리 앞에 가까이 있다.

황장금표와 할배나무

강원도 영월군 수주면 두산리나 경북 안동군 길안면 용계리는 우리나라 어느 곳에서나 볼 수 있는 전형적인 시골마을이다. 좋은 약수터가 있거나 경치가 아름다운 곳은 물론 아니다. 그저 평범한 시골 마을이지만 두 마을 모두 산림문화재를 보유하고 있는 점이 여느 마을과 다른 점이다. 두산리에는 비록 문화재로 등재되어 있지 않을망정 조선시대의 귀중한 금표(禁標)가 있고 용계리에는 천연기념물 제175호인 은행나무가 있다.

두산리는 402번 지방도에서 40리나 골짜기로 들어간 산촌 두메마을이다. 10여 년 전에 황장금산(黃腸禁山)이라는 명문이 새겨진 금표(禁標)가 이곳에서 발견되면서 최근에야 산림학자들이 가끔 찾는 곳이다. 이 금표는 두산리 일대가 조선시대 왕실에서 필요로 하던 황장목을 생산했던 소나무 숲임을 알려주는 징표다.

조선시대에는 왕족이 죽으면 몸통 속 부분이 누런 색을 띠고 재질이 좋은 소나무를 관곽재로 사용하였고 이런 소나무를 황장목이라 불렀다. 나라에서는 왕실의 관을 만드는데 필요한 황장목을 원활하게 조달하고, 일반 백성에 의한 도벌을 예방하기 위해서 황장산을 지정하였다. 또한 이미 성장한 양질의 소나무 숲을 황장목으로 이용하기 위해 이들이 자라는 산을 황장금산이나 황장봉산으로 지정하기도 했다.

조선 조정은 강원도와 경상도와 전라도의 32읍 60여 처에 황장산을 지정하였다. 이들 황장산을 나타내는 6개의 금표가 최근 박봉우 교수의 연구로 학계에 보고되었다. 두산리 외에 이들 황장금표가 발견된 장소는 원주시 소초면 학곡리 구룡사 입구와 새재마을, 인제군 북면 한계리 안산 기슭, 영월군 수주면 법흥1리 새터마을, 경북 울진군 서면 소광리 장군터 용소 부근

등이다.

금표는 조선시대의 산림시책을 엿볼 수 있는 귀중한 산림문화재다. 그러나 일반 국민은 물론이고 산림과 관련 있는 대부분의 사람들조차 금표의 중요성을 잘 알지 못한다. 그 이유는 무엇일까? 용계 은행나무로 답을 대신 찾아보자.

용계리 주민에게 할배나무로 알려진 이 은행나무는 사실 어제 오늘의 나무가 아니다. 이미 7백년째 이곳에 터잡아 살아 왔기에 용계리 주민들은 이 나무를 마을의 큰 어른인 할배나무로 섬겨왔다. 몇 사람의 임학자나 식물학자에게 30여 년 전에 우리나라에서 가장 굵은 줄기를 가진 나무로 주목을 받았지만 지난 수십 년 동안 세상사람들은 이 나무에 관심을 두지 않았다.

수백여 년 동안 용계 주민들에게나 대접을 받던 이 나무가 지난 3~4년 사이에 새삼스럽게 우리의 관심의 대상이 된 사연은 간단하다. 안동군이 용계리 주민들의 할배 은행나무에 대한 애정에 감복하여 재목으로 베어서 팔면 일 이 천만 원도 생기지 않을 이 나무를 거금을 들여서 살려냈기 때문이다. 3년이라는 세월과 20억원이라는 거금을 들여 임하댐 건설로 수몰 위기에 처해 있던 7백년 생 할배나무를 상식(上植) 공사로 살려낸 안동군의 '은행나무 살리기'는 입에서 입으로 전해지고 마침내 신문 방송으로 전국민에게 소개되었음은 물론이다.

용계 은행나무가 언론에 소개된 이후 많은 사람들이 새삼스럽게 이 나무를 찾고 있다. 안동군에서는 할배 은행나무를 보려는 사람들의 편의를 위해서 임하댐 옆으로 자동차가 쉽게 다닐 수 있게 큰길도 새로 내었다. 그 덕분에 평일이나 주말을 가리지 않고 많은 사람들이 할배나무를 보러 온다.

떠들썩하지 않는 생태관광의 명소가 된 셈이다.

그러나 두산리의 황장금표는 조선시대의 산림시책을 엿볼 수 있는 귀중한 산림문화재이지만 누구 한 사람 찾는 이가 없다. 우리 주변에 있는 다른 금표들처럼 안내문 하나 없이 길가에 마냥 방치되어 있을 뿐이다.

두산리의 황장금표나 용계리의 할배 은행나무는 모두 산림과 관련된 귀중한 문화유산이지만 정작 이들이 받는 대접이 이처럼 판이하게 다른 이유는 무엇일까? 그것은 지역 주민과 행정기관이 산림문화유산에 쏟는 관심과 애정의 차이 때문은 아닐까? 용계 은행나무에 대한 지역주민의 알뜰한 애정은 행정기관의 관심을 끌게 만들었고, 그러한 관심은 적절한 관리와 홍보 효과를 불러내었음은 물론이다. 그래서 마침내 자기 고장의 자랑거리를 나라의 자랑거리로 만들 수 있었던 것이다.

임학(업)이라는 영역은 과거의 발자취가 중요하다. 왜냐하면 생산과 이용에 수백년이 소요되는 나무나 숲을 대상으로 하는 학문(산업)이기 때문이다. 그래서 미래의 임학(업)발전을 추구하고자 하면 과거 우리 조상들이 시행해 왔던 산림과 관련된 임업 시책을 충분히 연구하고 검토할 필요가 있다.

그러나 현실은 그렇지 못하다. 일본에서 임학을 전수한 사람은 삼나무와 편백을, 미국에서 임학을 전수한 사람은 리기다와 테다를, 독일에서 임학을 전수한 사람은 근자연적 산림경영을 도입하여 우리 산림에 적용해 왔지만, 정작 우리 조상들이 수천 년 동안 이 땅의 산림을 대상으로 적용해 왔던 제도나 관습에 대해서는 애써 무관심하였다. 산림문화 유산은 말할 필요도 없다.

나무나 숲과 관련된 조상들의 산림시책이나 문화유산은 언제쯤이면 숲을 다루는 임업인은 물론이고 국민으로부터도 올바른 가치를 인정받을 수 있을까? 우리의 산림문화 유산이 더 이상 훼손되거나 방치되지 않게 전국의 단위 임협이 한번 나서 보는 것은 어떨까!

정약전의 송정사의에서 배우는 교훈

정약전(丁若銓 · 1758~1816)은 다산 정약용의 친형이자 어류학 박물지인 '자산어보(玆山魚譜)'의 저자로 유명하다. 그는 1801년(순조 원년)에 일어난 천주교 박해 사건인 신유사옥으로 지금의 전남 신안군 우이도(牛耳島)에 유배되었다. 그의 유배생활은 개인적으로는 불행했을지 모르지만 그가 남긴 저술은 금전으로 환산할 수 없을 만큼 귀중한 기록문화 유산으로 우리에게 다가오고 있다. 그의 유배생활 덕분(?)에 오늘의 우리들은 200여 년 전에 조선인들의 삶에 투영된 산림과 어족자원에 대한 실상을 엿볼 수 있게 되었다.

'소나무 정책에 대한 개인 의견'이라는 뜻을 가진 '송정사의(松政私議)'는 정약전이 유배생활 3년째인 1804년에 우이도에서 저술한 책이다. 송정사의는 지금까지 제목과 내용 중 일부만 전해지고 있었는데 서울 세화고등학교 이태원 생물교사가 정약전의 유배지였던 흑산도에서 문모씨가 소장한 운곡잡저 문집에서 찾아냈다. 한편 영남대 한문교육학과 안대회(安大會) 교수는 '정약전과 송정사의'라는 논문을 국학 관련 학술 전문지(문헌과 해석 제 20호)에 최근에 소개하면서 그 의미를 짚었다.

송정사의를 통해서 오늘의 우리는 200여 년 전 조선 후기 한 지식인(양반)이 가진 산림에 대한 인식의 편편을 엿볼 수 있다. 흥미로운 점은 지리정보가 옳게 정리되어 있지 않던 200년 전에 정약전은 이미 국토의 7할이 산지로 구성되어 있으며, 그 산은 모두 소나무가 자라기 알맞다는 점을 정확하게 인식하고 있었다는 사실이다. 또한 20년 사이에 나무값이 3-4배 올랐다는 기록이나 400-500냥에 달하는 관재를 도회지의 양반 권세가만이 쓸 수 있지, 궁벽한 시골 평민들은 태반이 초장(草葬)으로 장례를 치룬다고 밝힌 기록으로 소나무에 대한 그의 관심이 유배지에서 생긴 일회적인 것이 아니라 오래 전부터 지속된 것이었음을 알 수 있다.

소나무 정책에 대한 정약전 개인 의견을 살펴보기 위해서 먼저 조선시대의 소나무 정책(송정:松政)부터 살펴볼 필요가 있다. 다산 정약용이 그의 서술 목민심서에서 "우리나라의 산림정책은 오직 송금(松禁) 한가지 조목만 있을 뿐 전나무, 잣나무, 단풍나무, 비자나무에 대해서는 하나도 문제삼지 않았다"고 밝히고 있는 것처럼, 조선시대의 산림 시책은 대부분 소나무 벌채 금지(송금)와 관련된 것이었다. 오늘날 접할 수 있는 조선시대의 산림 시책에 대한 문헌도 송금사목(松禁事目)이나 만기요람의 송정(松政)처럼 대부분 소나무와 관련된 것이라고 해도 과언이 아니다.

오늘날까지 송정에 대한 학계의 평가는 대체로 긍정적이었다. 정약전의 송정사의보다 14년 앞서 조선조정이 제정한 송금사목(정조 12년, 1788년)에 대한 학계의 인식을 엿보면 그러한 흐름을 더욱 확연히 알 수 있다. 김영진은 송금사목을 '소나무를 보호, 육성하기 위하여 제정된 규정집'으로 해석하는 한편, '우리나라 최초의 완전한 산림보호규정으로, 임정사와 임업기술사 연구에 좋은 참고자료'라고 설명하고 있다. 또한 임학계의 일각에서 조선시대의 송금정책을 '세계임업사에도 크게 기록되어야 할 일'이나 송금사목을 '200년 전 소나무에 대한 국가 정책의 중요성과 긴박성을 짐작할 수 있'는 것으로 해석하고 있는 사례처럼 지금까지 조선시대의 소나무 시책에 대한 학계의 시각은 대체로 우호적이며 긍정적이었다.

정약전의 송정사의의 숨은 진가는 오늘날 관행적으로 평가하고 있는 조선시대 송금정책에 대한 긍정적 인식이 잘못되었음을 통렬하게 지적하고 있는 데서 찾을 수 있다. 결론적으로 정약전은 잘못된 송금정책 때문에 200년 전 이 땅의 소나무가 보호되고 육성되기보다는 오히려 고갈되고 있다고 주장하고 있다. 조선왕조가 그 용도가 긴요한 소나무 육성을 중시한 사실은 경국대전, 대전통편 등의 조선시대 법전이나 만기요람을 통해서 확인되고 있다. 그러나 소나무 보호와 육성을 위한 송금 정책은 조선 후기에 접어들면서 질 좋은 소나무를 육성하는 것이 아니라 이를 빌미로 지방관이 백성들을 수탈하는 방편으로 악용되곤 했음을 정약전은 송정사의에서 구체적으로 밝히고 있다. 특히 송금정책을 수행하던 수영(水營) 등의 지방관이 송금에 대한 권한을 관할함으로써 그들의 탐학이 백성의 불만과 원성을 어떻게 초래하며, 그러한 탐학을 피하기 위해서 백성들이 소나무를 보호하고 육성하기보다는 소나무의 씨를 말릴 수밖에 없는 사연을 구체적으로 서술하고 있다. 따라서 정약전은 소나무 숲을 지키기 위해서는 지방관의 권한을 축소시켜야 한다고 주장하고 있다. 또한 국가 소유와 개인 소유를 가릴 것 없이 바닷가로부터 30리 떨어진 이내의 산(연해금산)에 대하여 소나무 벌목을 금하고 있는 국법도 자라고 있는 소나무가 있을 경우에나 유용하지 나무들이 없을 경우에는 아무런 도움이 되지 못한다고 밝히고 있어서 아무 쓸모없는 연해금산의 형편을 자세하게 전하고 있다.

정약전은 송금정책이 실패한 원인으로 첫째 나무를 심지 않는 것, 둘째 저절로 자라는 나무를 꺾어 땔감으로 쓰는 것, 셋째 화전민이 불태우는 것이라고 밝히고 있다. 또한 이 세 가지 환난이 발생하는 이유로 완비되지 못한 국법 탓이라고 주장하고 있다. 다시 말하면, 송금이 실현 불가능하므로 소나무 벌채 금지 정책을 포기하고 오히려 소나무 식목을 권장하는 새로운 법령을 만들어야 한다고 역설하고 있다.

소나무 식목을 위한 구체적인 대안으로 정약전은 개인 소유의 산뿐만 아니라 국가 지정의 봉산까지도 개인들이 나무를 심어 스스로 사용하게 허락하며, 오히려 나무가 없는 산의 경우, 산주에게 벌을 내려야 한다고 주장하고 있나. 반면 천 그루의 소나무를 심어 기둥이나 들보감으로 사용할 수 있을 만큼 기른 개인에게는 품계를 올려주어 포상을 하며, 주인 없는 산을 찾아서 한 마을에서 힘을 합쳐 1년이나 2년 동안 소나무를 길러 울창하게 숲을 이루어 놓았으면, 나무의 크기에 따라 그 마을에 대해 1년이나 2년 동안 세금을 면제해 주는 방안도 제안하고 있다. 200년 전에 정약전이 제안한 이들 제도는 놀랍게도 오늘날 조심스럽게 모색하고 있는 그린 오너 제도와 다르지 않다.

'이런 정책을 수십 년만 시행하면 온 나라 산은 숲을 이루게 될 것이며, 공산의 나무를 백성이 범하는 일이 저절로 사라질 것' 이라는 그의 꿈은 끝내 실현되지 못했고, 산림의 몰락과 더불어 조선왕조도 함께 몰락했음은 우리들 모두가 아는 사실이다.

국가의 재물인 봉산을 그저 버려 둘지언정 백성에게 줄 수 없다는 당시의 세태를 '내가 먹기는 싫지만 개한테 던져주기는 아깝다' 는 속담으로 통렬하게 비판한 내용이나, '백성들에게 신뢰를 얻는 것이 군사력이 강한 것이나 먹을 것이 풍족한 것보다 급하다' 라는 주장은 산림과 연을 맺고 사는 오늘의 우리들 모두가 가슴 깊이 새겨들어야 할 교훈은 아닐까.

피아골에서 진목과 율목 봉표를 찾다

피아골 골짜기를 한 시간 여 동안 헤매다가 서울대학교 연습림 분소가 있는 직전리에서 봉표의 소재를 알고 있는 김 노인을 수소문 끝에 찾을 수 있었던 것은 행운이었다. 그의 안내로 우리는 연습림 분소에서 20여 미터 떨어진 옛 길가의 자연석 앞에 설레는 마음으로 섰다.

지난 수십 년 동안 수많은 사람들이 무심히 지나쳤을 봉표. 그 표석을 본 순간의 기분은 필설로 형용할 수 없을 만큼 야릇했다. 인가와 이렇게 가까운 거리에 있으면서 아직도 보고되지 않았기에 더욱 그러했으리라. 그리고 한순간에 '上眞木封界'라고 음각된 글자를 읽어 내려가면서 전혀 예상하지 못했던 참나무 봉산을 찾았다는 사실에 전율했다.

옛 지도에 경남 기장이나 고성지방에 표시된 진목봉산을 지리산 피아골 자락에서 발견한 것은 그래서 이외였다. 사실 진목봉산을 알리는 명문을 찾을 것이란 기대를 갖고 피아골 걸음을 나선 것은 아니었다. 강원대 박봉우 교수를 따라 나선 목적은 오히려 율목봉산을 나타내는 표석을 확인하는데 있었다. 연곡사가 영조21년(1745) 무렵에 이미 율목봉산으로 지정되어 위패를 만드는 신주목으로 쓰이는 밤나무를 왕가에 봉납했다는 기록을 찾아 읽고, 그 봉표를 직전리에서 찾을 수 있다는 이야기를 인편으로 전해 들었기 때문이었다.

그러나 탁본을 하기 위해서 명문이 새겨진 자연석을 자세히 살폈더니 上眞木封界위에 새겨진 새로운 한 글자와 옆에 새겨진 다섯 글자들도 해독할 수 있었다. 새롭게 해독한 글자는 '이(以)'자였고, 두줄로 새겨진 명문은 '以上眞木封界, 以下栗木界''였다. 이 11자의 명문은 궁금한 모든 것을 말하고 있었다. 이 경계점 위로는 참나무 봉산이고, 이 아래는 밤나무 봉산이라고.

구례에 두개의 봉산이 있다는 〈만기요람〉의 기록은 물론이고 직전리 아래쪽에 위치한 연곡사가 율목봉산으로 지정되었다는 역사적 기록이나 율목봉산으로 나타난 대동여지도의 표기가 자연석에 새겨진 11자의 명문으로 모두 정확한 사실로 되살아나는 순간이었다. 〈만기요람〉이란 1808년에 서영보와 심상규 등이 왕명을 받들어 찬진한 책으로 18세기 후반기부터 19세기 초에 이르는 조선 왕조의 재정과 군정에 관한 내용을 집약한 책이다. 〈만기요람〉에는 육도 282처에 봉산과 황장봉산이 지정되었으며, 구례군에 2곳의 봉산이 있음을 밝히고 있다.

지난 삼십여 년 동안 임학계가 잊고 지내오던 금표나 봉표에 대한 관심의 불을 지핀 이는 박봉우 교수다. '소나무, 황장목, 황장금표' 란 제목으로 6년여 전에 〈숲과 문화〉에 발표한 그의 글은 금산이나 봉산제도에 대한 학계의 관심을 새롭게 끌어 모았고, 지난 몇 해 동안 그를 위시한 몇몇 뜻 있는 학자들에 의해서 조선시대의 금산이나 봉산제도와 관련된 귀중한 논문들이 속속 발표되는 것을 봐도 알 수 있다.

조선 정부는 초기에 목재 공급을 원할하게 도모하기 위해서 금산제도를 시행했다. 그러나 후기에 들어서는 인구증가에 따라 산림에 대한 사점이 늘어나고 농지개간과 화전이 증대됨에 따라 산림의 관리와 보호에 대한 행정체제를 금산으로 더 이상 지탱할 수 없었다. 즉 문란한 임정을 쇄신하고 관리의 부정을 막거나 조세를 효과적으로 거두기 위해서 산림에 대한 국가의 제도를 새롭게 할 필요가 제기되었다.

그래서 조선 정부는 금산제도 대신에 봉산이라는 산림제도를 숙종 때부터 새롭게 도입하여 국가의 산림을 관리 보호하였다. 다시 말하면 국가의 다양한 수요에 따라 산림을 기능적으로 보다 세분화시켜 관리 보호할 수 있는 시책으로 만들어진 것이 봉산제도였다.

지금까지 알려진 봉산의 종류는 황장봉산(왕실의 관곽재를 생산하던 소나무 숲), 율목봉산(신주목를 생산하던 밤나무 숲), 향탄봉산(제향자제로 필요한 향목과 숯을 생산하던 숲), 진목봉산(선박건조에 필요한 참나무를 생산하던 숲), 삼산봉산(왕실에 공급할 산삼을 생산하던 숲), 태봉산(임금과 왕후의 포의를 묻어 관리하던 곳) 등이 있으며, 이렇게 지정된 봉산에는 봉표를 자연석에 세겨 두어 나라에서 지정한 산림임을 쉽게 알 수 있게 했다.

이들 봉산 중에 황장봉산과 향탄봉산, 삼산봉산과 태봉산은 지난 몇해 사이에 자연석에 새겨진 봉표의 발견으로 그 현장을 확인할 수 있었다. 그러나 율목봉산이나 진목봉산은 대동지지와 해동지도와 같은 옛 지도에 표기된 것을 참고하여 어느 지역에 있었을 것이라고 추정해 왔지만 그 현장을 확인할 수 있는 봉표가 발견된 적은 없었다. 그래서 진목봉산과 율목봉산을 나타내는 피아골의 봉표는 처음 소개되는 것이다.

흥미로운 사실은 일제시대부터 수십년 동안 연습림 실습을 위해서 수많은 이들이 다녀갔을 바로 그 장소에서 진목봉산과 율목봉산을 알리는 봉표를 찾을 수 있었다는 점이다. 이것은 관심만 기울이면 또 다른 봉표나 금표를 우리 주변에서 쉽게 찾을 수 있다는 것을 뜻하고 다른 한편으로 산림학을 전공하는 우리들이 얼마나 우리 것을 등한시했는지를 의미하기도 한다.

금표나 봉표과 특히 중요한 이유는 산림과 관련된 흔치 않는 문화유적이라는 점일 것이다. 특히 기록으로 남아있는 전적류가 아니라 현장에서 직접 찾을 수 있는 살아 있는 산림유적이기에 더욱 가치 있는 문화유산이라고 할 수 있을 것이다. 그 생생한 가치는 직전리에 졸참나무가, 그리고 연곡사 주변에 밤나무가 유독 많은 이유에서도 직접 찾을 수 있었다.

새롭게 발굴된 금산과 보성의 송계

인류 역사는 파괴된 숲의 역사와 함께 한다. 인간이 살아온 삶의 역사는 숲의 희생 위에 올라선 문명의 역사이기에, 문명의 역사는 파괴된 숲의 역사와 다르지 않다. 산림 이용은 인류의 역사를 구성하는 주요한 부분으로 특히 인류와 자연과의 투쟁을 설명해 주는 주요한 영역이라고 할 수 있다. 그 이유는 인류가 발달시킨 대부분의 문명이 산림을 희생시킴으로서 형성된 것이기 때문이다.

뿐만 아니라 이 영역은 산림과 인간의 협력관계를 설명해 주는 부분이기도 하다. 산림은 다양한 물질적 자원을 제공하는 경제자원의 역할이나 휴양과 공익적 기능을 제공한 환경자원의 역할을 담당하지만, 인간의 세력이 과도하게 팽창하여 파괴력을 발휘할 때면 인간의 생존에 위협을 가하는 존재가 될 것이다.

삶의 터전을 한반도에 뿌리내렸던 우리 조상들도 예외는 아니었다. 산이 국토의 3분의 2를 차지하는 이 땅에 뿌리박고 살아온 한민족은 숲이 제공하는 물질적 · 정신적 자양분을 섭취하여 자연과 조화로움을 추구하는 민족 고유의 정신세계를 형성시켰고, 상부상조하는 독특한 농경문화를 뿌리내렸으며, 산림과 관련된 다양한 제도와 풍습을 만들면서 삶을 영위해 왔다.

궁궐의 건축이나 조선재의 원할한 공급을 위해서 조선왕조가 금산(禁山)이나 봉산(封山) 제도를 정립했다면, 마을 인근의 숲(柴場)에 의존했던 민초들이 양반 권세가들의 산림사점에 대항하기 위해서 만든 것이 송계였다고 정리할 있다. 송계는 산림(柴場)에 대한 나라와 권세가들의 간섭이 보다 구체화된 17세기 후반부터 마을 인근의 동산(同山)을 마을 주민들이 공동으로 이용하기 위해서 결성되기 시작하였다.

현재까지 발굴된 송계에 대한 기록을 살펴보면 파주의 송계(1665년), 나주의 금안동 금송계(金鞍同禁松契, 1715년), 하동의 송계(1800년), 담양의 금송계(1816년), 이천의 금송계(1838년) 등과 같이 전국에서 55종의 다양한 형태의 송계가 현재까지 발굴되었다. 조선시대에 이어 일제시대에도 강원도 양양군 1개 지역에만 90여 개의 송계가 운영되었다는 조선총독부의 보고처럼 송계는 해방 이전까지 우리 주변에 존재했다. 우리네 삶이 소나무에 의존한 형태였기 때문에 산이 있으면 소나무가 있고, 소나무가 있으면 소나무를 지키는 솔계(송계)가 있음은 당연하다 하겠다.

오늘날에 있어서 지난 수백 년 동안 이어온 송계의 의미는 새롭게 조명되고 있다. 즉 경제와 환경의 조화로움이 지속가능하게 구현되는 사회, 즉 산림문화사회의 실현 가능성에 대한 흔적으로서 송계(松契)의 의미를 들 수 있다. 오늘의 관점에서 송계를 새롭게 해석하면 우리 선조들은 이른바 지속가능한 발전이라는 개념을 오래 전에 창안하여 생활화하였음을 발견할 수 있다.

마을 주민들이 주변의 산림을 지속적으로 이용하기 위해서 자율적으로 규정을 정하여 노동력과 기금을 갹출하고, 그 규약에 따라 적정한 벌채량과 산림 조성량을 매년 할당하여 산림자원을 고갈시키지 않는 범위 내에서 산림을 이용했던 제도가 바로 송계이기 때문이다.

산림사나 산림제도사에 대한 정리가 많지 않은 임학계의 실정에서 최근에 사학계에서 발굴한 충남 금산군 일대와 전남 보성군 복내면의 송계 연구결과는 여러 가지 중요한 의미를 지니고 있다.

먼저 재야 사학자 강성복 선생이 발굴한 충남 금산지역의 송계를 한번 살펴보자. 강 선생의 연구는 일제시대 조선 총독부에서 강원도 양양군에서 조사한 것보다 더 많은 송계가 한 군에 존재하고 있음을 실증적으로 보여주고 있다. 강 선생은 금산문화원의 의뢰로 금산군 일대에서 실시한 송계 조사에서 모두 156개의 송계가 독립된 형태나 연합형태로 일제시대에 존재했다는 것을 밝히고 있다. 독립된 형태의 송계는 한 마을이 한 산림을 책임지고 관리하는 독송계를 말하면, 연합형태의 송계는 여러 마을이 한 산림이나 여러 산림을 힘을 모아 함께 관리하는 연합송계를 말한다.

강 선생은 이밖에 금산지역에 존재했던 송계의 다양한 유형과 조직규모, 송계의 경제적 토대와 운영실태, 운영사례와 제규칙 등을 발굴 조사하였으며, 송계와 관련된 다양한 문헌을 현장 답사와 인터뷰를 통하여 정리하여 보고하였다. 강 선생이 정리한 600여쪽에 달하는 『금산의 송계』는 향토문화사 연구에 대한 다양한 경험과 굳은 집념으로 이루어낸 업적이기에 더욱 의미 있는 일이라 하지 않을 수 없다.

나주대학의 박종채 교수가 발굴한 전남 보성군 복내면 이리 송계도 임학(업)계에 새롭기는 마찬가지이다. 보성군 복내면 이리 송계는 순조3년(1803년)에 창설되어 200여 년 지난 오늘날도 존속되고 있는 귀중한 문화유산이다. 뿐만 아니라 이리 송계는 우리나라에서 가장 방대한 송계문서인 이리 송계안(二里松　案)를 간직하고 있기 때문에 송계의 현황과 운영방법, 그밖에 다른 지역의 송계와의 차이점 등을 직접 확인가능하기에 발굴의 중요성을 아무리 강조해도 지나치지 않을 것이다.

복내면 이리 송계는 1803년에 창설된 이래 1812년, 1820년, 1821년, 1824년, 1830년, 1836년, 1842년, 1869년, 1881년, 1897년, 1920년, 1968년, 1983년, 1993년

등 모두 16차례나 중수되었다. 초기의 송계안에는 국가에 부과한 요역을 공동으로 대응하는 한편, 집을 지을 때 받는 소나무 가격, 송계산에 묘를 쓰거나 화전을 일굴 때 부담해야 하는 금액 등을 책정하여 산림을 육림(林野禁養)하거나 화전을 금지(林野禁火)하는 적극적인 금송활동을 수행하였음을 알 수 있다.

이리 송계의 운영실태는 1920년에 작성된 송계안(松契案)에서 가장 잘 나타나고 있다. 모두 8항목의 송계 규약조례는 계의 임원을 선정하는 일, 계원을 입안하는 일, 임야를 금양하는 일, 토지를 정작(定作)하는 일, 전곡을 출입하는 일, 모임에 드는 경비, 문학을 교훈하는 일, 부기를 전수하는 일에 대한 것들을 상세히 밝히고 있다. 이 조례를 통해서 금송계의 상세한 조직을 일람할 수 있고, 원계원과 새로 가입하는 계원, 타처에서 들어온 사람 등에 대한 규정은 물론이고 금송계 자체에서 소나무 가격을 상정하거나 무덤을 쓸 경우 부과하는 금액에도 계원과 계원이 아닌 경우를 분별하여 차별을 두는 등 어느 금송계 문서에서 볼 수 없는 새로운 내용을 담고 있다.

금산과 보성의 송계를 발굴한 강성복 선생과 박종채 교수의 연구는 조선후기부터 일제시대에 이른 암흑상태의 산림제도사, 산림이용사, 산림문화사를 복원하는 일과 다르지 않기에 그 중요성을 강조해도 결코 지나침이 없다. 우리 산림사의 중요한 한 부분을 복원할 수 있게 연구기회를 준 금산문화원과 보성문화원, 그리고 송계의 흔적을 발굴하는데 노력을 아끼지 않는 두 분 연구자에게 다시 한번 경의를 표한다.

청하의 겸재 소나무와 메디슨 카운티의 다리

메디슨 카운티는 미국 중서부에 위치한 아이오와주의 한 행정단위를 일컫는 지명이다. 카운티는 미국의 지방자치 단위이며, 굳이 우리와 비교하자면 군이나 면에 해당되는 곳이라 할 수 있다. 아이오와주 수도 드모인 시에 인접해 있는 메디슨 카운티에는 여섯 개의 다리가 있다. 나무로 만들어진 이 다리는 콩밭이나 옥수수 밭만이 지평선 가득 펼쳐진 아이오와주의 무미건조한 경관처럼 그저 평범한 다리일 뿐이다. 애써 의미를 부여하자면 다리에 지붕을 얹었다는 것이 색다를 수도 있지만 이 다리 자체가 특별한 볼거리를 제공하거나 각별한 의미를 간직하고 있는 것은 아니다. 적어도 『메디슨 카운티의 다리』라는 제목의 소설책이 발간된 1993년 이전까지는 그러했다.

북 아이오와 주립대학교 경제학과의 로버트 제임스 월러 교수가 쓴 『메디슨 카운티의 다리』는 발매되자 마자 베스트 셀러가 되었고 한국에서도 1백만 권 이상이나 팔렸을 만큼 전세계적으로 큰 반향을 일으켰다. 특히 여성 독자들에게 인기를 얻은 이 소설은 책이 발간된 2년 후에 클린트 이스트우드가 감독겸 주연으로, 메릴 스트립이 여주인공 프렌체스카 역을 맡아 영화화되었고, 역시 한국에서도 상영된 바 있다. 이 소설의 줄거리는 지붕이 있는 나무다리를 찍으러 메디슨 카운티에 온 사진작가와 유부녀가 나눈 며칠간의 애틋한 사랑과 추억에 얽힌 이야기로 이루어져 있다.

6년 전 만해도 평범하기 짝이 없던 메디슨 카운티의 다리는 이 소설의 인기에 힘입어 연인들의 만남의 장소가 되었고, 오늘날도 미국인들은 물론이고 세계 곳곳에서 수많은 독자들이 소설의 무대인 메디슨 카운티를 찾고 있다. 일본의 경우, 메디슨 카운티의 다리를 둘러보는 관광상품이 개발되어 한참 때에는 한 달에 두세 번씩 전세기를 띄워 관광객을 실어 날랐다고 하니 과히 이 소설의 열기를 짐작할 수 있다. 필자 역시 그들과 다름없이 유학생활을 했던 아이오와 주립대학을 찾는 길에 짬을 내어 메디슨 카운티의 다리를 둘러보고 왔으니 말이다.

작가의 상상력은 볼품 없는 평범한 다리에 엄청난 생명력을 불어 넣어 이 소설을 읽은 독자로 하여금 현장을 직접 찾지 않을 수 없도록 만들고 말았다. 그래서 스페인에서 일본에서 브라질에서 홍콩에서 수많은 독자들이 두 중년 남녀의 사랑 이야기의 무대였던 메드슨 카운티의 다리를 찾고 있는 것이리라.

남의 나라 다리 이야기를 장황하게 늘어놓는 이유는 간단하다. 우리 주변의 나무나 숲도 우리의 정서나 감성을 자극할 만한 이야기 거리만 있으면 훌륭한 녹색 문화상품이 될 수 있음을 주장하기 위해서다. 그리고 그러한 가능성은 향토의 생명문화재를 내 고장의 녹색문화상품으로 활용하고자 노력하는 포항의 노거수회(老巨樹會)를 통해서 엿볼 수 있었다.

지난 10월 하순 노거수회 주최로 작은 산림문화 행사가 있었다. 포항에서 개최된 이 행사는 나무나 숲도 활용하기에 따라서는 훌륭한 녹색문화상품이 될 수 있음을 본보기로 보여주었기에 인상적이었다. 나무나 숲 관련 전문가들의 세미나 발표와 함께 향토 자연의 아름다움을 사진으로 전시한 곳에서 나는 청하(淸河)의 겸재(謙齋) 소나무를 보았다. 또한 이 소나무가 포항지방의 훌륭한 생명문화재로 녹색문화상품이 될 수 있음을 역설하는 이삼우 선생의 강연도 들었다.

청하의 겸재 소나무는 고사의송관란도(高士倚松觀瀾圖)란 그림에서 유래되었다. 부채에 그려진 이 그림의 중앙에는 오른편으로 기운 한 그루의 노송이 청청한 기운을 내뿜고 그 자태를 자랑하고 있으며 선비가 이 소나무 곁에서 폭포를 관망하고 있다. 현재 국립중앙박물관에 소장되어 있는 이 그림은 겸재가 영조 때(1734년) 경북 청하 현감으로 재직하면서 그린 것이라고 알려져 있다. 그래서 이 그림에 나타난 선비는 바로 겸재 자신임을 상상할 수 있다.

청하 고을의 수령 겸재는 풍광이 수려한 내연 삼용추(內延三龍湫)를 종종 찾았고 비하대(飛下臺)의 벼랑 위에 굳굳하게 자라고 있는 오래된 이 소나무의 자태를 범상하게 그냥 보아 넘기지 않았다. 그의 가슴 깊이 새겨진 이 소나무는 그래서 한폭의 부채그림으로 남겨졌고 2백 5십 년이 지난 오늘날도 여전히 굳건한 기상과 강인한 생명력을 간직한 채 우리들의 가슴 속으로 다가오고 있다.

'조선의 화성(畵聖)'으로 진경산수(眞景山水)의 대가였던 겸재. 그가 개척한 민족 고유 화풍의 진목면은 인왕제색도나 금강전도로 엿볼 수 있다. 그 겸재가 보고 즐기고 가슴에 담아 화폭에 옮겼던 삼용추의 소나무를 2백 5십 년이 지난 오늘도 직접 볼 수 있다는 사실. 마음만 먹으면 조선 제일의 화가가 보고 느끼고 그렸던 바로 그 소나무와 부근의 풍광을 만날 수 있다는 사실. 수백 년의 풍상을 견뎌내고 오늘도 여전히 청청하게 자라는 비하대의 소나무를 직접 찾아봄으로서 한국 실경산수화의 맥을 이어가게 했던 작가의 위대한 예술혼을 엿볼 수 있다는 사실.

이런 사실들 때문에 겸재의 그림 소재가 된 비하대의 소나무나 삼용추는 귀중한 생명문화재이며 우리들이 활용해야 될 녹색문화상품이라고 했던 이삼우 선생의 의미 부여는 지극히 당연했다. 문제는 나무나 숲과 같은 귀중한 생명문화재가 우리의 무관심으로 점점 사라져 가고 있다는 사실이고, 또 이렇게 발굴된 생명문화재를 활용할 적절한 프로그램이 없다는 점이다.

안정사의 금송패

몇해 전 가을 어느 저녁 시간에 TV의 가족 오락관을 통해서 경남 통영군의 안정리 당산나무에 동민들이 동제를 지내는 것을 관심 있게 보았다. 당산나무의 동제와 더불어 인근 안정사에 소나무와 관련하여 임금이 하사한 어패가 전해 내려오고 있다는 것이 화면을 통해서 짧게 소개되는 것을 보았다.

이번 겨울, 약간의 짬을 낼 수 있는 방학을 이용하여 조선시대의 소나무와 관련된 시책을 정리하고 분석하여 하나의 시론을 준비하던 중, 관심을 가지고 있던 송금, 금송계와 유사한 내용의 소나무 시책이 한 사찰과 관련하여 전해져 내려오고 있다는 것을 TV에서 접했던 기억을 뒤늦게 되살려서, 이번 설날 고향을 찾는 길에 안정사를 찾아서 금송패와 관련된 내용을 조사할 수 있었다.

청정해역 한려수도의 쪽빛 겨울 바다가 가슴 가득하게 들어오는 해안을 지척에 바라보고 있는 안정리에 도착하여, 마을 주민들이 해마다 동제를 지내고 있는 느티나무의 사진을 먼저 몇 장 찍었다. 마을 뒤편 벽발산 기슭의 솔숲 속에서 1300여 년을 버티고 있는 안정사를 찾은 시간은 짧은 겨울 해가 얼마 남지 않은 늦은 오후였다.

안정사는 법화종단에 속하는 사찰로서, 신라 태종 무열왕 1년(654년)에 원효대사가 창건한 역사가 오래된 고찰로, 한때는 14방(坊)의 당우를 갖춘 전국 굴지의 사찰이었다고 한다. 한국정신문화연구원에서 간행한 한국문화대백과사전에는 "이 절의 송림을 둘러싸고 시비가 일어나자 왕실에서 도벌자를 벌할 수 있게 어패를 내린 경위가 전해진다"고 기술되어 있다.

대웅전에 참배를 드린 후, 주지 스님을 찾아 송림과 관련된 임금이 하사한 어패를 좀 더 자세히 알고자 방문하였다는 용건을 말씀드리고 도움을 청했다. 그러나 주지 스님의 첫 반응은 경계심뿐이었다. "수천 권의 서책들이 있었는데, 학교에서 오신 분들이 서책 보기를 요구하여 보여 주었더니만, 여러분이 한꺼번에 달라붙어서 귀중한 서책을 많이 잃어버리게 되었다. 그 이후로 외부의 손님들이 절에 와서 절에서 소유하고 있는 문화재를 보여 달라고 하면 별로 믿지 못하게 되었다는 말씀은, 대학에 몸담고 있는 한 사람으로서 필자를 부끄럽게 만들었다. 주저하는 주지 스님께 다시 한번 이러한 일을 조사하고 기록으로 남기고자 하는 이유와 목적에 대해서 다시 한번 간곡하게 말씀을 드린 후에야 안정사의 소나무 숲에 얽힌 이야기를 들을 수 있었다.

주지 스님이 두어 시간에 걸쳐 들려주신 금송패(禁松牌: 주지 스님은 금송패라고 부르는 대신에 임금이 하사하신 패라고 하여 절에서는 옛날부터 어송패(御松牌)라고 불리고 있다고 하였다)에 대한 이야기를 정리하면 다음과 같다.

안정사에서 소유하고 있는 소나무 숲은 300여 정보 이상으로 인근 5개 면에 걸쳐 있었다. 안정사는 한 때 1,000여 명의 대중(大衆: 스님)이 기거하는 14방의 당우를 갖추었을 정도로 큰 규모의 사찰이었기 때문에 책임자인 주지는 안정리 동회(洞會)에 언제부터인지 모르지만 참석해 왔다. 지금부터 약 100여 년 전 한일합방 직전 고종임금 시절에 어느 동회의 모임에서, 진사 급제를 한 안정리의 세도가가 동회에 참석한 그 당시의 주지 한송 스님에게 나무 몇 십 짐을 달라는 명령을 하였다. 이에 주지는 나무를 줄 수 없다는 거절 의사를 밝히고, 그 이후부터는 더 이상 동회를 참석하지 않았다.

한송 스님은 승적을 갖기 전에는 과거에 급제하신 분이었지만 사색당파에 의한 당쟁을 피해 안정사에 피신해 왔다가 승려가 된 분이었다. 한송 스님이 마침 주지가 되었을 때, 동문수학을 했던 이한종 거사가 고성 군수로 부임하게 되었다. 지금의 행정구역은 통영군이지만, 그 당시에는 안정리가 고성군에 속해 있었다.

동문수학을 한 주지와 군수는 자연스럽게 만나게 되었고, 마을의 세도가가 절의 소나무를 빼앗고자 한다는 한송 스님의 이야기를 들은 이 군수가 나졸을 시켜 이장을 동헌에 잡아 들여 곤장을 쳤다. 이장이 장독(丈毒)때문에 죽게 되자 세도가는 이장의 부친을 부추겨 안정리 주민들로 하여금 고성군의 동헌으로 몰려가서 항의를 하게 하였지만, 이 군수가 이미 대비를 잘 하여 주민들을 물리치게 되었고 그 이후 8년 간에 걸쳐 세도가와 안정사 사이에 소나무에 대한 송사가 계속되었다.

이 송사로 인하여 승적을 갖기 전에 한 때 급제를 했던 한송 스님은 다시 상투를 지르고 한성으로 상경을 하여 8여 년에 걸친 소나무의 송사를 진행시켰으며, 끝내는 송사에 이기게 되어 안정사의 소나무 숲에 대한 소유권을 지킬 수 있게 되었다. 그 결과 안정사의 새 주지인 송엄명 스님은 고종 임금으로부터 인수(印綬), 궤 등과 함께 금송패 3개를 하사 받아 역시 나라에서 하사한 가마에 싣고서 안정사로 내려오게 되었다. 반면에 안정리 세도가의 일천 석 자산은 송사로 인하여 거덜나게 되었다. 임금이 내린 어송패와 인수를 호송하게 된 역졸들과 주지 송엄명 스님의 행차는 한성에서 안정사에 이르기까지 신기한 구경거리였다는 것이 전해 내려오는 이야기이다.

그 이후 안정사가 소유하고 있는 소나무 숲에 대한 도벌자는 반상(班常)

을 가리지 않고 누구나 절에서 직접 벌할 수 있게 되었다. 도벌군에 대한 체벌(體罰)을 집행하기 위해서 사찰 내에 당우의 하나로 수명장수신(壽命長壽神)을 봉안하고 있는 칠성각(七星閣)에 고종 임금의 사진을 모시는 한편, 임금이 하사하신 인수와 금송패가 들어 있는 궤와 그것을 실어 온 가마를 함께 전시하여 소나무와 관련된 모든 송사를 관장하게 되었다.

이 같은 이야기를 들려준 후, 주지 송설호 스님은 조심스럽게 열쇠를 챙겨서 필자를 위해서 임금이 하사하신 인수, 궤, 어패인 금송패를 보여 주셨다. 나무를 깎아 만든 3개의 금송패는 원판형으로 중심의 상부에 구멍을 뚫어 찰 수 있도록 만들어져 있었다. 3개의 금송패 중 가장 작은 직경 7.8cm의 어패에는 안정사 봉산 금송패(安靜寺 封山 禁松牌), 중간의 패는 직경 9.8cm로 안정사 도봉산 금송패(安靜寺 都封山 禁松牌), 그리고 직경 11.1cm의 가장 큰 금송패에는 안정사 국내 금송패(安靜寺 局內 禁松牌)라고 음각으로 새겨져 있고, 음각 부분은 붉은 색으로 칠해져 있었다. 금송패라고 음각 되어 있는 그 뒷면에는 선희궁(宣禧宮)이라고 새겨져 있고 누구의 수결인지는 확인할 수 없지만 수결 역시 음각으로 새겨져 있음을 확인할 수 있었다.

혹 금송패의 하사와 관련 있는 문서나 그 당시의 도벌군에 대한 체벌의 기록이 있을까하여 주시 스님에게 물었지만, 그에 대한 기록은 찾을 수 없었다.

낡아서 바래버린 궤와 가마! 바래진 고종 임금의 사진 액자와 세 개의 금송패. 숲이나 나무와 관련된 우리 조상들의 얼과 슬기가 담겨있는 이 같은 귀중한 문화 유산들이 관심을 가져주는 이 없이 그저 단순히 보관되어 있는 것을 보고 느낀 소감은 답답함과 추연함 뿐이었다.

55년 동안 안정사를 지켜온 주지 스님의 말씀은 다음과 같이 계속 이어졌다. "해방 이후 사회가 어수선할 때에 하루 수백 명의 나무꾼들이 안정사의 솔숲을 베어내기 위해서 숲에 달려들었다. 이들 도벌꾼의 잠입을 막기 위해서 마을 사람들과 산림계를 조직하여 이 숲을 지켰다. 또한 6.25 동란 이후에는 더욱 도벌이 성행하여서 산림조합장, 산림계장, 또는 산림경찰관 직무대리직도 서슴지 않고 맡아서 인간 송충이들로부터 이 숲을 지키기 위해서 온갖 노력을 다했다." 한사코 당신의 공치사를 언급하기를 사양하는 주지스님의 솔숲에 대한 애정은 단순히 어송패와 관련 있기 때문일까? 덧붙여 들려준 주지 스님의 말씀은 필자를 더욱 부끄럽게 만들었다.

"지난 55년 동안 이 절과 소나무 숲을 지켜 오면서 문화재 관련기관이나 언론기관 등이 솔숲과 관련 있는 이들 유물을 조사하거나 취재하여 간 적은 있지만, 숲하고 관련이 있는 단체나 기관 또는 학계에서는 어느 누구도 이들 유물에 대해서 관심을 가져 준 적이 없었다"는 노스님의 말씀에 말석이나마 이 분야에서 학문의 자리를 차지하고 있는 필자는 다시 한번 자괴지심이 온 몸에 퍼지는 것을 느낄 수 있었다. 그래서일까? 일백 년 이상의 풍상을 견뎌 내면서 안정사를 지켜보고 서 있는 산기슭의 아름드리 소나무처럼, 자괴지심으로 더욱 왜소하게 오그라든 필자의 여린 가슴에도 앞으로 해야 될 일에 대한 새로운 각오와 다짐이 꿈틀거리고 있었다.

짧고 좁은 지식으로 조선시대의 소나무 시책이란 주제를 다루어 본 필자의 소견으로는 송금사목, 송계절목, 금송계좌목 등의 귀중한 규정집은 물론이며, 식목실총의 문헌, 금송패와 그 밖의 유물들이 숲을 다루는 우리들에게는 귀중한 문화 유산이라고 믿는다. 이들은 물론이고 그밖에 우리가 간과하고 있는 숲이나 나무에 대한 수많은 문헌과 사료를 발굴하고 정리하여 기록으로 남기기 위한 학계의 관심이 필요한 때라고 생각한다.

한편 산림행정을 관장하고 있는 산림청에서도 숲과 나무와 관련이 있는 이러한 문화 유산을 하루 속히 조사하고 분석하여 정리할 필요가 있으며, 이러한 사업을 위한 예산 책정과 연구를 위한 인원의 배정이 이루어져야 하리라 생각한다.

또한 해방 이후의 산림행정에 관한 문헌들로만 구성되어 있는 산림사나 임정사 분야의 산림박물관의 전시 방침도 시정 보완되어야 하리라 믿는다. 이들 옛 문헌의 진품을 전시하지는 못할망정 복제물과 어송패의 복제품이라도 산림박물관에 전시할 필요는 없을까? 이와 같은 우리 선조들의 나무나 숲과 관련된 기록이나 유물들은 언제쯤이면 숲을 다루는 임업인들은 물론이고 일반인들로부터도 올바른 가치를 인정받을 수 있을까?

권력층의 주변에 있거나, 소위 공리적인 가치를 인정받고 있는 분야는 자그마한 꼬투리를 잡고서도 그 중요성을 거론하며, 온갖 명목으로 홍보를 하며 재탕 삼탕 우려먹는 세태가 요즈음의 세상 인심인데도 숲을 다루는 우리들은 과연 무엇을 하고 있는 것일까?

번지르르한 물량 위주의 전시행정의 타성에 젖은 소산이겠지만, 정말 산림박물관 등에서 한시 바삐 해야 할 일은 이러한 문헌이나 자료들을 정리하고 분석하여 기록으로 남기는 것이 아닐까라고 생각해 본다.

자작나무와 무속신앙

우리 땅에서 자작나무 천연림을 처음 볼 수 있었던 행운은 지난 5월 금강산을 찾았을 때였다. 남쪽의 높은 산에서 가끔 볼 수 있었던 천연생 자작나무는 단목이나 몇 그루 군상으로 자라는 모습이었지만 한 무더기 숲으로 있는 모습을 볼 수 있었던 기회는 망양대 길목이었다. 망양대에 올라서기 위해서 만물상의 철계단을 힘겹게 올라서서 큰 숨을 내어 쉴 때, 내 눈앞에는 순백의 껍질을 지닌 자작나무 숲이 기다리고 있었다. 해발 1천미터의 사면에 자리잡은 자작나무 숲을 본 순간 짜릿한 전율이 내 전신을 휘감았다. 급경사를 오르면서 가빴던 숨소리는 어느 틈에 가라앉았다. 그리고 눈은 고정되었다. 길섶에 퍼질러 앉아 능선을 덮고 있는 자작나무 숲의 신록을 아껴가면서 천천히 천천히 가슴속에 담았음은 물론이다. 금강산을 함께 찾은 동료들은 바쁜 걸음으로 대부분 그냥 지나쳤지만 자작나무 숲을 보고 나는 그럴 수 없었다.

자작나무에 유난히 마음이 끌리는 이유를 나는 정확히 모른다. 대학을 진학하기 전까지는 남해안에서 자란 내 출신 배경 때문에 자작나무는 생소한 나무일 수밖에 없었다. 그런데도 자작나무가 오히려 항상 보아왔던 친숙한 나무인양 어느 틈에 내 가슴속에 자리잡게 되었는지를 생각하면 신기하다. 아마도 내 핏줄 속에는 평원을 달리던 기마민족의 피가 흐르고 있기 때문인지도 모른다. 그런 연유인지는 몰라도 자작나무에 대한 집착이 강하다. 그런 집착은 자작나무 사진집을 모으거나 우리 문화에 자리 잡고 있는 자작나무의 흔적을 기웃거리는 것에서도 찾을 수 있다.

자작나무를 직접 접하게 된 계기는 대학시절 숲 속에서 보낸 실습시간에 동료들이 자작나무의 흰 껍질을 벗겨서 마음속으로만 그리워하던 사람한테

순백의 껍질을 종이 삼아 연서를 보내는 것을 옆에서 지켜보면서 시작되었는지도 모른다. 세월이 흘러 배우는 처지가 학생을 가르치는 입장으로 변하면서 자작나무를 보다 구체적으로 생각할 기회가 몇 번 있었다. 특히 우리 문화에 자작나무가 자리잡고 있는 그 깊이와 넓이가 예사롭지 않음을 인식하고는 자작나무에 끌리는 마음이 당연한 것임을 더욱 절실히 인식할 수 있었다.

자작나무의 신성은 우윳빛 수피에서 샘솟고

자작나무는 척박하고 건조한 땅에서도 살아갈 수 있는 소중한 낙엽활엽수다. 활엽수 중에서 가장 강인한 나무의 하나이기에 아이슬란드와 그린란드에서도 살아갈 수 있다. 활엽수가 많지 않은 북방 기마민족에게는 자작나무가 소중한 자원이었다. 스칸디나비아 반도의 북쪽에 사는 사람들에겐 망토와 정강이 받이(각반)로, 노르웨이 사람들에겐 지붕을 이거나 바닥을 까는 재료로, 시베리아 사람들은 가죽을 부드럽게 만들기 위하여 무두질하는데 자작나무의 껍질에 있는 기름성분을 사용했다. 또한 북방 여러 민족들이 자작나무의 수피를 이용하여 대롱, 스푼, 접시와 같은 조리도구를 만들어 사용했으며, 운반도구나 저장 용기로 만들어 사용하기도 했다.

한편 자작나무는 러시아에서 건강의 상징으로 알려져 왔다. 자작나무의 잎과 줄기는 목욕할 때 땀을 내고 때를 벗기는데 도움을 주는 원료로 전통적으로 애용되었고 고열과 부분적으로 부어오르는 단독을 치유하는데도 효과적으로 사용되었다. 자작나무의 수액은 결핵 치료제로 사용되기도 했다. 미국 인디언들도 감기나 기침이나 폐질환에 내수피(內樹皮)를 달여서 먹곤

했다.

북방민족은 물질적 유용성 이외에도 자작나무를 신수로 숭배했다. 자작나무는 실제로 북방 기마민족이 섬겼던 신성한 나무였다. 시베리아의 넓은 평원에 흩어져 살아왔던 기마민족들에게는 자작나무가 번영과 건강을 지켜주는 신수였다. 알타이 문화권에 속하는 기마민족이 자작나무를 신수로 섬겼던 이유는 아마도 활엽수 중에서 가장 혹독한 환경에서도 살아갈 수 있는 이 나무의 강인한 생명력 때문일 것이다. 특히 나무가 흔치 않은 한랭한 초원지대에서 나무는 귀한 존재이고, 그러한 곳에서 자랄 수 있는 수피가 흰 자작나무는 성스러운 존재로 보호받았을 것이다.

그런 흔적은 북방민족의 원시종교에서 찾을 수 있다. 자작나무는 시베리아 북부의 원시종교(shamanic) 의식에 애용되었다. 자작나무의 수피는 꿈의 형상을 나타내거나 씨족의 상징을 나타내는 그림을 그리는데 사용되었고 몇몇 부족은 종이 형태로 자작나무 껍질을 제작하여 신성한 그림이나 그림이 있는 글쓰기에 사용하였다.

춥고 긴 북방의 겨울을 이겨내고 새로운 생명을 반복하는 자작나무는 우윳빛 껍질 때문에 더욱 성스럽게 보인다. 나무 껍질 중에 가장 평활한 껍질을 가진 나무가 자작나무다. 자작나무의 수피는 나무의 생장과 함께 늘어나기 때문에 다른 나무의 껍질처럼 끊어지지 않고, 매끄럽고 평활한 수피를 만든다. 아주 얇은 층으로 이루어진 자작나무 수피가 흰 이유는 무엇일까? 제일 바깥쪽에 위치한 나무껍질의 세포들은 속이 비어 있으며 겉껍질에 분포하고 있는 수많은 미세 공기 구멍들이 빛을 모든 방향으로 반사하기 때문에 흰색으로 보인다고 한다. 이것은 눈이 흰색으로 나타나는 이치와 다르지 않다.

무속신앙에 녹아 있는 자작나무

무속은 무당을 중심으로 하여 민간층에서 전승되는 종교적 현상을 말한다. 무당의 성격은 신의 초월적 힘을 얻게되는 신병(神病)의 체험을 거쳐 신권화한 사람이라고 정의할 수 있다. 신병의 체험은 바로 신이 내리는 현상이고, 신 내린 사람인 무당은 신의 영력(靈力)을 얻어서 신과 교유할 수 있기에 종교적 제의인 굿을 주관할 수 있는 자격을 얻는다.

무당은 일반적으로 제의를 통하여 신을 만난다. 제의를 행하는 성스러운 장소(聖所)는 크게 세 종류로 구분하는데, 무당의 집에 신을 모시는 신단, 부락 공동의 수호신이 봉안된 서낭당, 그리고 민가를 들 수 있다. 이들 성소에는 모두 지상과 천계를 이어주는 연결통로를 발견할 수 있다.

서낭당이나 산신당의 경우, 신수(神樹)나 신간(神竿)을 신이 내리는 연결통로라 할 수 있다. 반면에 신수나 신간을 찾을 수 없는 민가의 굿상에서는 지화(紙花)가 신이 내리는 우주의 축이나 천계와 지상을 연결시키는 매개물의 상징으로 나타나고 있다. 굿상의 지화는 보통 2가지 종류가 있는데, 길이 30센티미터 정도의 신간에 백지술을 달고 있거나 또는 50센티미터 내지 100센티미터 정도의 신간에 채색된 지화 형태로 있다. 이 지화는 신수나 신간의 변형으로 신이 하강하는 통로를 상징하기 때문에 굿상에 없어서는 안될 필수적인 상징물이라고 할 수 있다. 이와 유사한 상징은 무당의 집에 신을 모시는 신단에서도 찾을 수 있다. 당제의 굿을 할 때 사용하는 느릅대나 서낭대가 바로 신이 내리는 매개물이라 할 수 있다.

무속에서 지상과 천계를 이어주는 연결통로로 나타나는 신수(지화)와 기마민족과는 과연 어떤 관련이 있을까? 이러한 의문은 시베리아의 샤먼의 제의에서 찾을 수 있다. 시베리아의 원시종족은 나무(우주의 축)를 통해서 영혼이 하늘로 올라간다고 믿었다. 샤먼이 되기 위한 절차의 하나가 나무위에 올라가 그의 영혼을 천계로 승천시켜 여행하게 하는 것이었다.

시베리아 샤먼의 이런 제의 의식에 착안하여 존 카터 코벨은 북방 기마민족의 집단기억이 우리의 무속신앙에 하나의 상징체계로 나타나고 있다고 해석하고 있다. 「한국문화의 뿌리를 찾아」라는 저술에서 존 카터 코벨은 한민족이 자작나무를 신수로 숭배하던 북방 기마민족에서 유래되었음을 천마총에서 발굴된 신라금관과 천마도 장니를 예로 들뿐만 아니라 오늘날도 무당들이 굿을 할 때, 제단 가까운 곳에 장식하는 지화(紙花)에서 찾을 수 있다고 주장하고 있다. 지화 장식은 흰 종이로 오려 만든 자작나무를 뜻하는 것이고, 이것은 북방 시베리아 무속에서 유래된 것이라는 것이 그녀의 설명이다.

1천년 전의 이야기가 아니라 바로 오늘 우리 주변에서 자작나무를 숭배하던 기마민족의 흔적으로 무속신앙에서 찾을 수 있다는 그녀의 주장은 몇해 전에 읽은 한편의 글을 떠올리게 만든다.

"개마고원의 사람들에게는 시신을 자작나무 껍질로 싸서 땅속에 파묻는 풍속이 있다. 내가 아직 철이 채 들기도 전에 나의 조부님이 돌아가셨을 때도 입관하기 전에 넓은 두루말이 같은 번쩍이는 흰 나무 껍질로 싸는 것을 둘러선 어른들의 다리틈새로 지켜보며 고모들이 일제히 터트리는 울음소리를 들었었다. 훗날 조금은 철이 들어서 아버지와 함께 조부님의 산소를 찾았을 때 거기 빼곡이 둘러싼 아름드리 자작나무들이 하늘을 찌르듯 늠름히 서 있던 모습들이 오랫동안 나의 뇌리에 깊은 인상을 남겨 놓았다. 쭉쭉 뻗어 오른 줄기며 희뿌연 우윳빛 표피며 구김 없이 아스란히 펼쳐 나간 가지들이 함께 이룩한 자태는 피보다 더 짙게 내 가슴 속 깊이 간직되어 왔다."
(〈숲과 문화〉 창간호에 실린 국민대 주종연 교수의 '자작나무' 중에서)

자작나무는 우리에게 과연 무엇일까? 왜 개마고원의 사람들은 시신을 자작나무 껍질로 싸서 땅속에 파묻었을까? 평소에 가졌던 이런 의문은 그녀의 글로 자연스럽게 해결되었다. 즉 시베리아 무속에서 샤먼은 상징적으로 하늘로 오르는 사다리에 올라, 하늘 높이 있는 신령과 대화하는데, 그 사다리가 바로 자작나무라는 것이다. 시신이 신령의 땅으로 순조롭게 되돌아가도록 자작나무로 껍질로 싼 것은 아닐까?

그녀는 불교가 이 땅에 들어오기 전에 만들어진 금제 고배나 금관에 매달려 있는 심엽(心葉)형 장식이 자작나무의 잎을 나타내거나 또는 자작나무 수피로 만든 천마도장니 마구가 모두 북방 기마민족이 지녔던 무속의 영향을 받게 된 것이라고 서술하고 있다. 물론 그렇게 전해진 자작나무에 대한 샤머니즘적인 흔적이 수천 년이 지난 오늘날도 무당의 굿에 사용되는 흰 꽃이라는 것이다.

하나 흥미로운 사실은 우리 무속 신앙에 대한 존 카터 코벨의 입장이다. 그녀는 선사시대 우리 문화에 끼친 샤머니즘을 애써 부정하는 한국의 고고학계나 역사학계는 물론이고 무속신앙을 창피하게 여기는 우리네 지식인들의 태도에 일침을 놓고 있다. 1000년에 걸친 불교의 영향과 유교통치자들에 의해 500년 동안 지속된 무속 천대 속에서도 무속 샤머니즘이 한반도 전역에서 오늘날도 살아남을 수 있었던 생명력을 예로 들면서 이러한 현상은 북방 종족의 집단기억에 기인하는 것이라고 주장하고 있다. 한국의 학계나 우리의 대중적 정서와는 달리, 그녀는 샤머니즘을 천한 것 또는 미신으로 낮춰보지 않고, 오히려 비교종교학자의 입장에서 한 종교로 인식한다고 토로하고 있다. 그리고 일본인들이 그네들의 신토이즘을 자랑스럽게 여기거나 300여 년 전에 대부분의 영국인들이 그들의 왕을 한 번 만져보는 것만으로 간질 같은 병을 고칠 수 있다고 믿었던 사실을 이야기하면서 한국인들이 자기문화를 비하하는데 일침을 놓는다.

존 카터 코벨의 주장과는 별개로 최근에 발간된 몇 권의 책에서도 우리 고대사에 기마민족의 흔적이 녹아 있다는 주장은 찾을 수 있다. 김병모는 『금관의 비밀』에서 경주에서 출토된 대부분의 금관이 나뭇가지와 사슴뿔의 모습을 갖고 그 위에 곡옥(曲玉)과 나뭇잎(樹葉)을 달고 있는 이유를 신라의 지배층이 북방 기마민족의 후예이기 때문이라고 추정하고 있다. 이렇게 추정하는 근거는 신라 금관의 외형적 상징이 나무를 숭배하는 유라시아의 여러 민족의 민속에서 쉽게 찾아볼 수 있는 유사한 상징체계 때문이며 그 구체적인 사례로 천마총에서 발굴된 천마도 장니나 금관을 들고 있다. 김병모는 신라 금관의 뼈대인 나무 모양(樹枝形)은 기마민족 사이에 유행한 나무숭배 문화인 신수사상(神樹思想)에서 나왔으며 거기에 달린 곡옥(曲玉)은 풍요와 생명력을 상징하는 생명의 나무에 달린 과일을 뜻하고, 원형 장식이나 아래 끝이 뾰족한 심엽형(心葉形)의 장식은 북방 한랭한 평원지대에서 자라는 자작나무의 나뭇잎을 상징하는 것으로 해석하고 있다. 즉 자작나무를 신수로 숭배하던 기마민족의 후예인 신라의 지배층이 남겨둔 흔적이 바로 금관과 천마도 장니라는 것이다.

우리 고대사에 기마민족의 유입에 대한 보다 구체적인 주장은 장한식의 「신라 법흥왕은 선비족 모용씨의 후예였다-기마족의 신라 통치, 그 시작과 끝」에서 찾을 수 있다. 장한식은 이 책에서 4세기 중반에 시베리아의 대초원지대에서 말달리던 기마민족인 선비족 모용씨가 한반도의 남쪽 신라-가야땅으로 밀려든 과정을 새롭게 해석하고 있다. 또한 그의 추론은 기마민족 모용씨의 신라왕실이 김씨로 스스로 변신했던 시기가 법흥왕 시기였다고 밝히고 있다.

오늘날까지도 무속신앙에 전승되고 있는 자작나무의 흔적을 시베리아 북방종족의 자작나무에 대한 집단기억에서 유래된 것이라는 존 카터 코벨의 주장은 우리 문화의 깊이를 누구보다 폭넓게 이해한 그녀 자신의 고고학적 창의력 덕분이다. 한민족의 먼 조상이 시베리아 초원을 가로질러 남쪽의 한반도로 이주할 때, 우주수(神樹)로 숭배하던 자작나무에 대한 기억을 고스란히 가지고 왔으며, 수천 년이 흐른 오늘날도 그 명맥을 이어가고 있는 것이 바로 토속신앙인 무속이고, 그 흔적이 종이로 만든 흰꽃(紙花)이라는 것에 얼마나 많은 사람들이 동의할지 알 수 없으나 나에게는 신선한 충격이었다.

맺는 말

우리 문화 곳곳에서 그 흔적을 나타내는 자작나무에 대한 북방 종족의 집단기억은 분명 신비로운 현상이다. 특히 이 땅의 평지에서는 쉽게 볼 수 없고 높은 산에서나 볼 수 있는 나무가 자작나무임을 상기하면 더욱 그렇다.

천년의 시공을 넘어 자작나무 장니에 그려진 천마도를 통해서 자작나무를 신성한 나무로 숭배했던 천마총의 주인공을 북방 기마민족이라고 상상할 수 있는 것과 마찬가지로 오늘날도 여전히 지화가 장식되는 굿판을 통해서 자작나무에 대한 한민족의 정서적 뿌리를 유추할 수 있다. 시베리아 샤먼의 무속 의식에 사용된 자작나무는 흰 꽃으로 변하여 오늘날도 한국인의 밑바닥 정서를 가장 잘 대변하는 굿판에서 면면히 살아 있는 현상을 과연 어떻게 달리 설명할 수 있을까?

사람과 숲의 상생

여름 죽부인을 겨울에 시집보낸 사연

죽부인 한 분을 소설(小雪)추위가 사납던 날 모셨습니다. 부인이라는 호칭 때문에 감히 '구입했다'라는 용어보다 '모셨다'는 문어체를 정중하게 사용한 사연은 피서용의 취침 용구에까지 부인이라는 호칭을 붙인 선조들의 여유를 새삼 생각했기 때문입니다. 무더운 여름철 잠자리가 불편할 때 선비들은 구멍이 나도록 성글게 짠 원통형의 죽부인을 애용했습니다. 사실 선비들만 죽부인을 즐겼던 것은 아닙니다. 땀이 눅눅하게 베어나는 삼복 더위에 삼베 홑이불로 씌운 죽부인을 '가슴에 품고 한 다리를 척 걸치고 자면 허전함을 덜 뿐만 아니라 솔솔 스며드는 시원한 바람에 저절로 숙면'에 들 수 있기 때문에 누구나 할 것 없이 죽부인의 효능을 아셨던 조상들은 죽부인을 한 분씩 두셨습니다.

죽부인을 한 분 모신 사연은 지난 달 한 일본인 교수로부터 받은 따뜻한 호의에 대한 답례 때문입니다. 일본말을 한마디도 못하는 주제에 혼자서, 또 여럿이 함께 했던 일본 걸음이 쌓여서 벌써 대여섯 번이나 되었습니다. 관광이나 친지방문보다는 자료수집이나 현장방문이 목적이었지만 특히 교토와 나라를 찾았던 최근의 걸음은 여러 가지를 많이 생각하게 만들었습니다.

지은 지 1300년이나 된 세계에서 가장 오래된 목조건축물인 호루지(法隆寺)의 금당(金堂)이나 오층탑(五重塔)은 물론이고, 「나무의 마음 나무의 생명」이란 제목의 책을 통해서 만나고 싶었던 궁목수 니시오카 츠네카츠(西岡常一)도 만날 수 있었기에 특히 기억에 오래 남을 것 같습니다. 비록 생전에 사용했던 창대폐를 비롯해 목공 도구와 그의 작업모습을 비데오테이프로 방영하는 전시공간이었을망정 나라의 호루지에서 3대째 궁목수를 해왔던 고인이 된 그의 모습을 화면으로 자세히 관찰하는 기회는 즐거움 이상이었습니다. 백제관음의 미소에 얽힌 이야기는 죽부인과 격이 맞지 않기에 뒤로 미룹니다.

겨울의 길목에 죽부인을 일본의 교수에게 시집보낸 사연의 단초는 해외의 조림 성공사례를 찾는 걸음에서 시작되었습니다. 규슈대학에서 박사후과정으로 연구생활을 하는 김상윤 박사의 소개로 일본에서 인공조림의 역사가 가장 오래된 대표적 조림지인 키타야마(北山) 삼나무 산지를 찾는 발걸음은 먼저 교토대학에서 시작되었습니다. 교토대학 대학원 농학연구과 삼림·인간관계학 연구실의 이와이(岩井吉彌) 교수는 키타야마 임업지와는 오랜 인연을 맺어오고 있었기 때문입니다. 이와이 교수는 조상 대대로 키타야마 삼나무 산지를 소유해 왔던 덕에 오늘도 그 자신 100ha 정도의 삼나무 숲을 직접 경영하며, 여전히 키타야마 임업지의 중심인 나까가와(中川)의 고향집에 살면서 20여 킬로미터 떨어진 교토대학으로 출퇴근하고 있었습니다.

인공조림에 대한 외국의 성공사례를 한국에 소개하기 위해 방문하게 되었다는 필자의 설명에 이와이 교수는 그 자신이 1986년에 쓴 책(京都北山の磨丸太林業)를 먼저 선물로 내놓으면서 방문목적에 호기심을 나타내었습니다. '삼림·인간관계학 연구실'이란 그의 연구실 명칭처럼 산림과 인간의 관계, 즉 산림문화에 관심이 있어서 이런 일을 한다는 부언설명에 동지를 만난 듯이 반가움을 표했고, 바로 키타야마 임업의 현장이자 그의 자택이 있는 교토시 기타구 나까가와 키타야마마치(京都市 北區 中川 北山町)로 안내했습니다.

그의 연구실을 떠나 반시간쯤 달린 후, 우리들 앞에는 경작지라곤 한 뼘도 찾을 수 없는 그야말로 산골마을이 나타났고, 쭉쭉 곧은 모습으로 자라고 있는 삼나무 숲은 물론이고 가로변 곳곳에 이곳의 자랑거리인 키타야마 삼나무를 가공하는 제재소들도 눈에 들어왔습니다. 바로 교토에서 지척의 거리에 일본에서 가장 오래된 인공조림지에, 그리고 오늘날도 여전히 고가의 고품질목재생산이 이루어지고 있는 현장에 들어선 것입니다.

600여 년의 역사를 가진 키타야마 임업지는 일본 임업의 자존심이 걸린 곳이며, 오늘도 왕성하게 인공조림이 일어나고 있는 현장이라고 할 수 있습니다. 교토(京都) 시가지 북쪽 20여 킬로미터에 자리잡고 있는 키타야마 임업지는 마을 전체 면적의 93%가 산림으로 덮여 있는 곳으로 지금도 매년 2, 3년생 묘목 약 10만 본을 심고 있답니다.

"조림지를 보기 전에 먼저 우리 집에 들러서 잠시 쉬어가자"는 이와이 교수의 이야기에 저는 귀를 의심하지 않을 수 없었습니다. 대여섯 번의 일본걸음을 했지만, 그리고 서로의 마음을 열만큼 꽤 가까운 분도 사귀었지만 지금껏 어느 누구로부터도 자택방문의 초대를 받은 적이 없었기 때문입니다. 그런데 상대방의 귀한 시간을 할애 받아 안내를 받는 입장에서, 그것도 초면에 집으로 초대하겠다는 이와이 교수의 호의는 정말 의외였고, 그래서 폐가 되는 줄 번연히 알면서도 사양하지 못했습니다.

3대째 살고 있는 그의 집은 전형적인 일본식 목조가옥이었습니다. 몇 점의 고서화로 장식된 손님방은 문기(文氣)가 넘쳤고, 주인의 높은 문화적 안목과 전통적 격조를 함께 느낄 수 있었습니다. 현관 마루에서 전통 일본식으로 꿇어앉아 손님을 맞는 중년의 그의 부인은 미인이었고 정중했습니다. 조림지를 둘러볼 목적으로 작업복 차림으로 걸음을 나선 객이 오히려 미안

했습니다. 다과와 함께 손님방에서 나눈 그와의 대화는 정말 귀한 경험이었습니다.

그는 많은 이야기를 들려주었습니다. 이곳이 이렇게 장구한 임업 역사를 가지게 된 배경은 지금으로부터 1200년 전 헤이안(平安)천도를 위해 필요한 목재를 이곳 삼나무의 대량 벌채로 충담함으로 비롯되었다고 합니다. 이후 무로마치(室町)시대의 다도 문화의 발전과 함께 키타야마 삼나무 임업지는 지금까지 600여 년 간 교토의 산림문화를 대변해 오고 있다고 해도 과언이 아니랍니다.

키타야마 임업의 특징은 이곳에서 생산되는 독특한 삼나무의 외양에서 찾을 수 있습니다. 독특한 외양이란 첫째 뿌리에 가까운 원둥치 두께(원구직경)와 줄기 끝의 둥치두께(말구직경) 사이에 큰 차이가 없다는 점입니다. 원구와 말구직경에 큰 차이가 없는 이유는 다른 지역에 비해 이 지역은 단위 면적 당 2배(보통 ha당 3000본 심는데 비해 이곳은 6000본씩 밀식)나 더 많은 삼나무를 심기 때문입니다. 이런 밀식과 함께 나무를 심은 지 6-7년 후부터 정교한 낫으로 4, 5년에 한차례씩 가지치기를 지속적으로 실시하고 있습니다. 이렇게 집약적인 관리로 자란 삼나무는 통직하며 옹이가 없고, 연륜이 치밀할 뿐만 아니라 표면이 희고 매끈하며 잘 터지지 않기 때문에 우수한 재질을 가질 수 있다고 합니다. 재목의 부피를 크게 빨리 키우는 것이 일반적인 작업방법인데 비하여 이곳의 임업은 오히려 천천히 치밀하게 키워 특수한 목적에 맞는 목재를 생산하는 것에서도 그 특징을 찾을 수 있습니다.

둘째로 이 지역에서 생산되는 삼나무의 특징은 수피를 벗긴 후에 기둥 표면을 광택이 나게끔 특별히 처리하는 것에서 찾을 수 있습니다. 표면이 울퉁불퉁하면서 흰 광택이 나는 삼나무 기둥은 예로부터 교토의 귀족이나 상류층이 건축자재로 애용해왔고, 특히 상류층의 다도문화가 꽃핀 다실(茶室)은 이 지방의 삼나무로 만드는 것을 제일로 쳐주었다고 합니다. 이 지역 삼나무에 대한 상류층의 그러한 기호는 중류층으로 확산되어 건축내장재로 키타야마 삼나무가 애용되기 시작하였고, 그 결과 지속적인 수요가 창출되어 이 지역이 600여 년의 임업역사를 보유하게끔 만들었습니다.

600여 년 동안 키타야마 삼나무의 전통을 이어오기 위해 이 지역의 사람들은 독특한 형태의 산림을 발전시켰습니다. 바로 그루터기 맹아에 의한 인공조림이 그것입니다. 삼나무는 편백이나 소나무와 달리 그루터기에서 움싹이 돋아 새롭게 줄기를 형성하는 능력이 있습니다. 그루터기 맹아법은 영양번식의 일종으로 어미나무가 지니고 있던 유전형질을 계속하여 지켜갈 수 있는 장점이 있습니다. 다시 말하면 상류층의 소비자가 원하는 통직하고, 희고 울퉁불퉁한 표면을 가진 기둥감을 지속적으로 생산하기 위해서는 그런 유전형질을 지키기 위한 방법을 고안해야 했고, 그런 방법의 하나로 그루터기 맹아법을 이 지방 사람들은 일찍부터 활용하였던 셈입니다. 이 지방에서는 삼나무의 그루터기 맹아 능력을 활용하여 숲을 다시 이루기 위해서 나무를 자르는 부위가 다른 조림지와는 달리 지상 1미터 정도에서 이루어지고 있는 점도 독특했습니다. 한 그루터기에서 나온 4-5개의 움싹은 서로간의 경쟁에 의해 곧고 치밀하게 자라며 굵은 줄기와 가는 줄기 모두 건축재로 사용되었기에 지속적인 생산을 보장하기 때문에 이런 시업방법이 채용되었던 셈입니다. 다음 벌채 뒤에는 원 그루터기의 높이를 조금 낮추어 움

싹의 발생을 유도했기 때문에 비교적 높은 위치인 1미터 정도의 높이에서 잘라 주었던 셈입니다.

그러나 이런 그루터기 맹아법으로 조성된 삼나무 숲은 오늘날 키타야마 임업지에서 쉽게 찾을 수 없답니다. 메이지 시기까지는 주로 그루터기 맹아 갱신법으로 숲을 조성하여 그 때 그 때 알맞은 나무를 베어 내는 택벌식 시업이 이루어졌지만 메이지 시대 이후로 이 지역 삼나무에 대한 수요가 증대하여, 생산성과 경제성을 높이기 위한 방안의 하나로 한꺼번에 모두베기작업(一齊皆伐作業)으로 전환되었기 때문입니다. 그러나 숲 조성 방법은 실생묘 대신에 기둥표면이 울퉁불퉁한 유전형질을 지키기 위해서 그런 형질을 가진 나무에서 직접 삽수를 채취하여 바로 산에 심는 삽목조림이 이루어지고 있습니다. 특히 동일한 시기에 삽목조림한 구획을 일제히 베기 때문에 수백에서 수천 본으로 이루어진 구획은 각 구획별로 집약적인 산림관리가 오늘날은 이루어지고 있기 때문에 바둑판처럼 잘 정리된 산림시업 현장은 나무농장과 다르지 않았습니다.

오늘날은 표면이 울퉁불퉁한 기둥감을 선호하는 소비자의 욕구를 충족시키기 위해서 벌채 1-2년 전에 나무 껍질 둘레에 울퉁불퉁한 형상을 인위적으로 만들 수 있는 가느다란 막대 재료(플라스틱, 대나무, 활엽수 등의 막대)를 싸서 감아주는 작업(絞卷作業)이 이루어지고 있답니다. 나무가 가진 유전형질에 의해서 자연적으로 생긴 울퉁불퉁한 표면 대신에 사람의 손으로 개개목의 나무 줄기에 인공적으로 울퉁불퉁한 표면을 생기게 만드는 임업인들의 노력은 조방적인 임업에서는 상상도 할 수 없는 일입니다. 그런 의미에서 키타야마 임업지는 바로 고부가가치를 창출할 수 있는 임업현장이라고 할 수 있습니다. 물론 인위적으로 표면을 울퉁불퉁하게 만든 기둥감의 가격이 자연산 기둥에 비해 절반에도 미치지 못하는 현실은 당연한 것이겠죠.

이와이 교수가 거주하는 나까가와 마을은 키타야마 임업지의 좋은 사례였습니다. 이 마을은 1만ha의 산림과 100여 가구 500여 명의 주민이 살고 있으며, 주민의 90%가 임업(임업노동자, 산림소유자, 목재가공업, 제재소)에 종사하고 있었습니다. 임업에 종사하는 대부분의 사람은 재래식 경험교육으로 숲을 관리하고 있으며, 특별히 기술교육을 받은 사람은 많지 않다고 합니다. 이와이 교수의 집 바로 앞에 있는 키타야마 삼나무 가공공장을 잠시 들려서 기둥감을 조제하는 과정을 살펴보았습니다. 이 공장의 주인은 나까다(中田)로 1920년대부터 2대째 나까하라(中源)주식회사란 이름으로 기둥감을 생산하고 있었습니다. 몇 사람의 아주머니들이 기둥감의 표면을 희게 만들기 위해서 표백제로 처리하고 있었으며, 창고에는 다양한 종류의 기둥감들이 전시되어 있었습니다. 나까다 사장은 이 지방에서 생산되는 다실용 기둥감(길이 3미터, 25-50년생)은 보통 개당 3십만원-6십만원에 거래되며 일년에 20여 만 개의 기둥이 마을의 목공소에서 생산되어 목재협동조합연합을 통해서 교토뿐만 아니라 대도시의 주택건설업체로 판매되고 있다고 합니다. 다시 한번 바보같은 질문을 던졌습니다. 왜 일본사람들은 표면이 울퉁불퉁한 삼나무 기둥을 귀하게 여기는가? 그의 대답은 간단했습니다. 하나의 문화상품이기 때문이라고 생각한다는 것이 바로 그의 답이었습니다. 일본사람들은 그네들의 목재문화의 배경 때문에 천연으로 생긴 울퉁불퉁한 기둥의 표면이 미적으로 더 가치 있고 아름답다고 느끼기 때문이라는 것입니다. 그러한 전통은 교토에 거주했던 귀족들의 다실문화에서 유래되었고, 600여 년 지속적으로 이어옴에 따라 하나의 문화상품이 되어 오늘도 키타야마 삼나무의 명성을 유지하게 된 것으로 생각한다는 그의 답은 명쾌했습니다. 우리에겐 이런 목재문화가 없는 것일까? 숲을 둘러보는 여정 내내 느낀 감회는 복잡하였습니다.

죽부인을 이 겨울철에 이와이 교수에게 시집보낸 직접적 사연은 키타야마 산림 자료관에서 시작되었습니다. 사각형 대나무, 타원형 대나무와 함께 다양한 죽제품을 전시하는 장소에서 한국에도 대나무를 많이 사용하느냐는 물음이 있었고, 플라스틱 제품이 나오기 전에는 많은 생활도구들을 대나무로 만들어 사용했다는 저의 답변이 있었습니다. 그의 연구실이 '삼림 · 인간관계학 연구실'이란 명칭처럼, 또는 목재와 인간 사이의 관계에 관심이 많다는 그의 관심사를 상기해서, 대나무와 관련해서 우리는 독특한 문화가 있다는 이야기를 들려주기 시작했습니다. 바로 죽부인에 대한 이야기였습니다. 우리보다 더 습하고 더운 일본이지만 죽부인과 같은 죽제품은 일본에 없는 듯 했고, 그래서 그의 호기심은 유달랐습니다. 특히 아버지가 사용하던 죽부인을 아들이 사용하지 않는다는 우리네 풍습을 듣고는 더욱 죽부인에 대한 구체적인 관심을 나타내었습니다. 얼마나 크며, 언제 어떻게 사용하느냐고 말입니다. 그 순간 기억이 났습니다. 학교의 연구실이나 그의 집 거실에서 세계 여러 나라의 목재로 만든 다양한 용품들이 좁은 공간에 전시되어 있던 정경이 생각난 것입니다.

제 자신을 위해서 죽부인을 모셨던 적은 한번도 없습니다. 그러나 이와이 교수를 위해서 또 나무와 사람, 숲과 사람의 관계에 공통으로 관심을 갖는 동지적인 입장에서 그냥 있을 수 없었습니다. 그의 호기심을 충족시켜주기 위해서, 그리고 따뜻한 그의 환대에 고마움을 표하기 위해 더운 여름을 기다리지 못하고 찬바람이 몰아치는 겨울의 초입에 죽부인을 이와이 교수에게 시집보내기로 작심을 하게 되었습니다. 여름 죽부인에 대한 앞으로의 대접은 전적으로 이와이 교수에게 달렸음은 물론입니다.

독일인의 산림철학

세계에서 숲을 가장 잘 가꾸는 민족, 숲에 대한 학문이 가장 앞선 나라 사람들의 숲에 대한 생각을 좀 더 자세히 알기 위해 독일의 슈발츠발트(흑림)를 찾았습니다. 독일어 한마디 못하는 처지에 그나마 독일이 자랑하는 흑림의 진수를 체험하고, 그 흑림을 학문적으로 뒷받침하고 있는 푸라이부르크 내학을 방문하여 여러 전문가를 만날 수 있었던 것은 순전히 고영주 박사 덕분입니다. 고 박사는 국민대학에서 10여 년 동안 임업대학 학장으로 봉직하셨던 분입니다. 국민대학교에 초빙되기 전에 푸라이부르크 대학에서 20여 년 동안 교편을 잡았던 인연 때문에 정년 후에는 독일에서 여생을 보내고 계십니다.

숲에는 그 나라의 문화와 역사가 베여 있습니다. 그래서 한 나라의 숲의 역사는 그 나라의 또 다른 문화사와 다르지 않습니다. 흔히 숲을 국토의 얼굴이라고 일컫는 이유도 여기에 있습니다. 독일의 흑림도 예외는 아닙니다.

흑림 체험의 첫걸음은 푸라이부르그 인근의 볼퐈흐(Wolfach)에서 시작되었습니다. 이 지역에는 독일 임업의 진수라고 일컫기도 하는 전나무 택벌림(擇伐林)이 있는 곳입니다. 택벌림은 벌채할 연령에 이른 적당한 나무만을 매년 조금씩 골라 벨 수 있는 숲을 말합니다. 조금 편하게 설명하면 은행에 일정 금액(숲)을 저축해두고 필요할 때마다 이자(벌채목)를 찾아 쓰는 것과 다르지 않습니다. 그래서 택벌작업은 숲에 자라는 모든 나무를 한번에 베어내고 이용(일정기간이 지난 후, 원금과 이자를 함께 찾는 일)하는 우리네 주변의 모두베기 작업(皆伐作業)과는 근본적으로 다릅니다.

볼퐈흐의 전나무 숲은 인상적이었습니다. 어린 묘목에서부터 곧 벌채해야 할 우람한 나무들까지 다양한 연령의 전나무가 자라고 있는 숲을 처음 대면하는 순간을 잊을 수 없습니다. 저처럼 산림학도의 입장에서 우리 땅에서는 볼 수 없는 택벌림의 현장을 직접 눈으로 확인한다는 사실은 큰 기쁨입니다. 학문적 배경도 깊지 않은 농부들이 만든 숲이라고 생각하면 문화적 전통과 삶으로 전수되는 기술이란 얼마나 소중한 것인가를 다시 한번 느낄 수밖에 없습니다. 결코 한 순간에 만들어낼 수 없는 숲이 눈앞에 전개되었기 때문입니다.

발파흐의 전나무 숲은 다양한 연령층으로 구성되어 있었습니다. 숲에는 어린 나무들의 수가 가장 많고, 나이가 들수록 굵은 나무의 숫자가 차츰 줄어드는 것처럼 드문드문 중년층에 이른 나무들이 모습을 들여내고 있었으며, 그리고 오직 소수의 나무들이 벌채해야 될 우람한 덩치를 가지고 있었습니다. 택벌림의 구조를 흔히 역 J형의 그림으로 나타내는데, 어린 나무가 가장 많고, 벌채기에 이른 나무의 수가 급격히 줄어드는 이런 형태의 분포 때문입니다.

우리 땅에 없는 택벌림을 한번 만들어 볼 요량으로 점봉산의 전나무 천연림을 동료들과 함께 연구했던 기억이 새롭습니다. 우리 땅에 없는 숲의 모습을 변모시키기 위해서는 엄청난 인력을 들여서 숲의 구조를 50여 년 동안 계속 바꾸어 주어야 이상적인 택벌림의 모습을 가질 수 있다는 연구 결과를 발표하면서 그 어려운 현실을 자각했던 적이 있습니다. 그런데 숲 가꾸는 기술이 대를 이어 막내아들에게 전수되는 독일의 현장을 직접 눈으로 보면서 다시 한번 느낀 것은 숲은 하루아침에 결코 만들어지지 않는다는 깨달음이었습니다.

독일 농부들은 보통 숲을 막내아들에게 물려줍니다. 그 이유는 단순합니다. 부모로부터 물려받은 숲을 여러 자식들에게 조금씩 나누어주면 영세한 규모 때문에 숲을 옳게 경영할 수 없기 때문입니다. 일자리를 찾아 도회로 떠난 형들 대신에 막내아들에게 숲을 물려주는 이러한 전통은 숲을 지키기 위한 독일농부들의 지혜입니다.

볼퐈흐의 전나무 택벌림에서 인상적인 것은 껍질을 벗긴 아름드리 전나무들이었습니다. 제재소로 옮기기 위해서 임도 곁에 줄줄이 늘어선 나무들을 보는 것은 숲과 인간과의 관계를 다시 한번 생각할 수 있는 기회를 안겨주었습니다. 택벌림은 하루아침에 만들어 낼 수 없습니다. 몇 세대를 이어오면서 숲을 알뜰하게 가꾸고 현명하게 이용하기 위한 독특한 지혜가 응축되어 있는 숲이 바로 택벌림입니다.

독일 농부들이 골라베기식의 숲을 갖게 된 유래를 간단명료하게 설명하기란 쉽지 않습니다. 그것은 산림을 바라보는 독일인의 문화적 배경을 살펴보는 일이기에 더욱 그렇습니다. 독일의 농업과 축산업은 숲을 떠나서 생각할 수 없습니다. 쉴타흐의 농가주택에서 만난 독일인 농부의 대답은 인상적이었습니다. 막내아들이 역시 내가 가꾼 숲을 계속하여 가꿀 것이라고 말입니다. 숲에서 방목되고 있는 돼지의 모습을 확인하고는 숲과 농지, 또는 숲과 목축과 관련된 독일의 문화적 전통을 다시 한번 확인할 수 있었습니다. 이러한 전통은 400여 년 전에 이미 확립되었다고 합니다.

이런 문화적 전통덕분인지는 몰라도 독일인의 문화는 숲 속의 삶을 도외시하고는 생각할 수 없습니다. 따라서 숲을 떠나서는 살 수 없고, 숲이 삶을 지켜준다라는 큰 명제를 충족시킨 문화적 전통은 오늘도 면면이 이어지고 있습니다. 그 단적인 예는 독일 음악, 문학, 예술에 차지하는 숲의 비중을 보면 바로 확인할 수 있습니다. 또한 낭만주의의 다양한 장르는 숲과 연관된 문제이고, 그림(Grimm)형제의 동화는 숲에서 탄생했다고 해도 과언이 아닙니다. 즉 숲과 문화와의 관계는 독일 국민의 숲에 대한 잠재의식으로 녹아있습니다.

이러한 문화적 배경은 우리가 숲을 지키면 숲도 우리를 지켜준다라는 독일 민족의 독특한 산림관인 택벌 정신으로 발전되었고, 종국에는 실질적인 산림이용 방법인 택벌작업으로 발달되었다고도 할 수 있습니다. 택벌 정신은 하루아침에 형성된 것은 아닙니다. 오히려 1백 수십 년 동안의 치열한 모색 끝에 얻어진 산림철학일지 모릅니다.

게르만 민족의 산림에 대한 태도는 멀리 로마시대까지 거슬러 올라갑니다. 당시 로마의 지배를 받았던 프랑스와는 달리 게르만 민족은 로마 점령군을 물리치고 숲 속에서 삶의 터전을 찾았습니다. 숲에 대한 낭만적인 생각이 아니라 실생활을 숲 자체에 의존했던 삶의 방식, 즉 숲이 생활의 일부였다는 사실이 17세기까지의 산림관(山林觀)이었습니다. 1750년경부터 숲과 결부된 농업 인구는 전체의 90%에 달했습니다. 그러나 중상주의의 여파로 상업이 발전함에 따라 서민층은 숲에 대한 직접적인 의존도가 약해진 반면에 숲을 생각할 여유를 갖게 되었습니다. 즉 수공업이나 상업에 종사하는 서민층 사람들이 숲에 대한 생각을 구체화시킬 수 있었습니다. 이러한 변화는 19C초엽부터 숲을 낭만적으로 생각하게끔 만들었습니다. 숲은 동화의 무대가 되고 신비적 전설의 배경이 되었습니다. 즉 직접적인 이용보다는 다른 방향으로 숲을 이용하기 시작했습니다. 그 대표적인 것이 그림형제의 동화집 같은 낭만적인 작품으로 탄생하게 되었습니다. 이것은 숲에 대한 가치가 정서적인 방향으로 관심의 축이 바뀐 결과입니다.

그러나 공업화와 산업화는 숲에 대한 생각을 낭만적 정서적 가치로부터 목재 중심으로, 숲을 재정적인 수입원으로 바꿉니다. 이는 숲의 존재가치가 재정 기능에서 경제적 기능으로 변화단계를 밟게 되었음을 뜻합니다. 독일의 공업화와 산업화에 따라 변모된 산림의 경제적 성격은 18-19C의 경제시대에 정리되었고, 경영단위로 숲을 합리적으로 취급해야 한다는 생각이 확립되어 마침내 경제 및 경영 단위로 지속시킨다라는 생각으로 발전하게 되었습니다. 이것은 독일인들이 숲을 생장형태를 나타내는 단순한 수리적인 형태에서 다양한 생명체가 어울려 사는 복합체로 인식하기 시작하였다는 것을 의미합니다. 다시 말하면, 수공업시대에 목재의 생산기능을 중시하던 생각에서 보다 발전하여 숲이 가진 자연보호, 심미적, 정서적 기능을 중시하는 방향으로 바뀌었다는 것과 다르지 않습니다.

임업기술이 가장 앞선 나라인 독일이 오늘의 숲을 이루기 위해선 산림공직자들이 준수해야 할 독특한 규범이 있을 것 같아서 푸라이브루그 임과대학 산림정책연구소장 볼츠(Karl-Reinhard Volz)교수에게 물었습니다. 독일 산림공직자나 임업인들은 숲을 경영하기 위해서 특별히 준수해야 할 윤리규정이 있느냐고 말입니다. 이 물음에 대한 볼츠 교수의 답은 의외였습니다. 독일에는 산림관련 종사자에 대한 명문으로 제시된 윤리규정은 없다고 합니다. 그러나 매우 강한 관습적이며 규범적인 보속 원칙이 있답니다.

독일 임업인들이 내세우는 규범적인 보속 원칙 속에는 숲을 지혜롭게 이용하고자 원했던 독일 임업인들의 치열한 논쟁의 역사가 숨어 있습니다. 그

것은 임업인들 사이에 수십 년에 걸쳐 지속된 토지순수익설과 산림순수익설에 대한 논쟁입니다.

토지순수익설은 인간이 산림을 완전하게 보육하는 일과 자본주의적으로 경영하는 것에 초점을 맞추어 산림토양으로부터 최대량의 순수익을 얻어내도록 산림을 경영한다는 이론입니다. 19세기 후반기까지 독일 임업기술자는 규칙을 존중하고 규격화를 지향하였습니다. 그 결과 인공적으로 산림을 갱신하기 위해서 한꺼번에 모두 베어서 같은 연령과 같은 종류의 침엽수로 이루어진 숲을 주로 만들었습니다. 그러나 이런 작업방법은 폭풍이나 폭설과 같은 외적인 저항에 약하고 병충해에도 약한 숲으로 만드는데 일조를 하였습니다. 규격화는 질서정연하게 조직하여 체계적인 숲을 조성하는 일과 다르지 않습니다. 즉 인간이 정한 질서에 따라오도록 나무에게 강요하는 임업기술이 성행하여 '산림경영의 공업화', '인공적 구상의 실현화'를 가져왔습니다. 그 결과 침엽수 조림지는 활엽수 천연림에 비하여 질이 우수한 목재를 더 많이 생산하여 침엽수 조림지의 생산성은 배로 증가하기도 하였습니다.

이 이론에 대한 반발로 19세기말 산림순수익설이 탄생되었습니다. 숲의 자연적 생산력이 목재를 만들어 내는 공장과 같은 일제 단순림에 있다고 보지 않고 숲을 이루는 모든 것들이 함께 어우러져 일으키는 상호작용 가운데서 찾을 수 있다는 가이어(Gaya, 1878년)교수의 주장은 숲을 하나의 생태계로 인식했던 증거입니다. 즉 산림순수익설은 숲 전체를 놓고 보면 오랜 시간이 지나면 점차 그 자체의 가치가 증가하며, 생태적으로 더 건전한 여러 수종과 가치가 높은 굵은 목재와 혼효림을 권장하였으며, 모두베기를 지양하고, 택벌림을 선호해야 한다는 학설입니다. 가이어의 이론은 20세기 중반에 그 정당성을 인정받게 되었습니다.

토지순수익설과 산림순수익설은 역사적으로 엎치락뒤치락 과정을 거치면서 수십 년 동안 다투어왔습니다. 그러나 20세기 두 번에 걸친 세계대전으로 논쟁은 흐지부지하게 끝나고 맙니다. 1차 세계대전은 보속경영을 무시하여 다량의 목재를 수확할 수밖에 없게 만들었고, 2차 세계대전으로 산림면적의 절반 정도가 개벌과 남벌로 파괴되었기 때문입니다.

독일에서 산림의 역사를 뒤돌아보면 수백 년 동안 아무런 원칙 없이 숲을 다루기도 하였고, 경제적인 가치만 강조한 시기도 있었고, 사냥을 위해서 숲이 망가졌던 어리석은 시기도 있었습니다. 그럼에도 오늘날 독일의 숲은 국토면적의 30%가 잘 정돈된 형태의 숲으로 조성되어 있으며, 이것은 지난 150여 년 동안 독일이 산림을 복구시키면서 적용시킨 보속이란 기본 원칙이 있었기 때문입니다. 보속이란, 은행에 예치해 둔 원금은 손대지 않고, 이자만 찾아 쓰는 것처럼, 어떤 숲을 매년 자란 양만큼만 베어 쓰면 영구히 계속해서 사용할 수 있다는 주장과 다르지 않습니다. 이렇게 산림으로부터 수확을 해마다 균등하게 그리고 영구히 계속되도록 경영하는 것이 산림을 소유한 사람이면 누구나 꿈꾸는 이상적인 경영원칙이 바로 보속원칙입니다. 이러한 보속원칙은 처음에는 면적(토지) 중심의 개념으로 시작되었고, 그러다가 세월이 흘러 생산중심으로 무게 중심을 바뀌게 되었음을 앞에서 이미 언급한 바가 있습니다. 이러한 전통은 오늘날까지 이어와 현재는 보속원칙이 산림의 다목적 이용 중심으로 바뀌었지만 여전히 그 정신은 지속되고 있습니다.

오늘날도 민간법인체들과 연방자연보호연합 등에서 보속을 중시합니다. 녹색당이나 자연보존협회 등의 비난도 없지 않지만 여전히 보속을 중시하며, 보다 근자연적 형태로 접근하기 위해서 혼효림으로 숲을 가꾸어 간다는 지침을 세우고 그에 따르고 있습니다. 보속원칙은 규범적이고 이상적이기 때문에 실제 숲에 적용해 왔던 원칙입니다. 따라서 보속이란 말 자체가 오늘날 요구되는 전문지식과 자연보호 정신을 함께 담고 있는 셈입니다. 전문지식과 자연보호에 대한 법적 변화는 산림에 대한 국민의 인식을 향상시켰습니다. 다시 말하면 자연보호에 대한 압박 때문에 생태적 지식이 높아졌다고 할 수 있습니다. 그 결과 오늘날 독일인의 숲에 대한 관심은 자연에 가까운 숲은 그대로 유지시키고, 자연에 이탈한 숲은 다양한 수종의 숲으로 바꾸어 간다는 원칙을 가지고 있습니다. 숲이 보유한 다양한 요소는 다양한 수종에서 유래되면 그것은 생태적으로 올바른 방향이기 때문에 우리들이 관심을 가져야 할 부분이기도 합니다.

붉은 나무들의 왕국

하나의 통나무로 지은, 36개의 객실을 가진 건물. 건물을 이루고 있는 벽이나 복도는 물론이고, 침대의 머리판까지도 오직 한 그루의 통나무에서 나온 재목이나 합판으로 지어진 여관에서 하루밤을 묵을 수 있었던 것은 새로운 경험이었습니다. 레드우드 국립공원(Redwood National Park)의 본부가 있는 크레센드(Crescent) 시의 커리 레드우드 랏지(붉은 나무 여관, Curly Redwood lodge)가 오직 한 그루의 붉은 나무로 지어진 여관이라는 내용을 책을 통해서 알고 난 뒤로는 그냥 지나칠 수 가 없었었습니다. 이른 새벽부터 나선 3000킬로미터(비행기로 여행한 2400킬로미터를 포함해서)나 되는 긴 여정의 끝마무리를 붉은 나무로 지은 이 여관에서 한 것은 지극히 자연스러운 행로였습니다.

센프란시스코 공항에서 차를 빌려, 북으로 620여 킬로미터 떨어진 오래곤주와 거의 경계지점에 위치한 크레센트 시를 향한 것은 정오가 채 되기 전이었습니다. 자동차 여행으로도 짧지 않는 일천 오백 리의 여정을 지겨운 마음 없이 달려 올 수 있었던 것은 운무 속에서 수백 만 년째 원시 상태 그대로의 신비를 지켜오고 있는 붉은 나무의 왕국이 있었기 때문이었습니다. '붉은 나무 고속도로' 라는 별칭에 걸맞게 101번 고속도로를 한시간 정도 달렸을 때부터 우리는 숲 속으로 뚫린 산악 도로 위로 달리고 있었습니다. 끝없는 지평선으로 향해 거의 일직선으로 곧게 난 도로와 그 주변의 옥수수밭이나 콩밭으로 이어져 온 미국 중서부의 변화 없는 주변 경관에만 익어왔던 눈이, 쉴새없이 변하는 지형과 숲을 끼고 달리는 산악도로에서 어찌 지겨운 마음이 생길 수 있겠습니까! 더구나 지난 십 년을 벼르고 벼르면서 염원하였던 붉은 나무 숲을 찾아 나선 걸음인데 하물며 무슨 말이 더 필요

했겠습니까?

레드우드 국립공원은 미국의 다른 국립공원과 비교하여 공원 설립의 역사가 비교적 짧습니다. 1968년에 지정이 되고, 1978년에야 인접한 노령과숙(老齡過熟) 상태의 붉은 나무 처녀림(old growth virgin redwoods)을 국립공원에 편입하여 확장하였지만, 세계문화유산(World Heritage Site)과 국제 생물권 보전지구(International Bioshere Reserve)로 지정될 만큼 인류가 보유하고 있는 귀중한 문화유산으로 인정받고 있는 곳이기도 합니다. 23,200ha의 레드우드 국립공원 면적 중, 14,000ha의 면적이 수백 년에서 이천여 년에 이르는 수령(樹齡)의 노령과숙 임분으로 이루어져 있습니다. 그리고 제드다이아 스미스 레드우드(Jedediach Smith Redwood) 주립공원, 델 노르테이(Del Norte)레드우드 주립공원, 퍼레이리 크릭(Prairie Creek)레드우드 주립공원들과 레드우드 국립공원은 그 경계를 함께 하고 있는 해안 붉은 나무의 왕국을 말합니다.

레드우드 국립공원의 북쪽 경계와 인접해 있는 제드다이아 스미스 주립공원은 크레션트 시의 북쪽에 위치하며, 3,600ha의 면적으로 이루어져 있습니다. 이 공원을 관통하는 '하우랜드 힐 로드(Howland Hill Road)'는 원시 상태의 처녀림 속으로 난 길로 유명합니다. 델 노르테이 주립공원은 면적이 2,500ha이고, 태평양 연안과 인접해 있는 곳으로, 노령 임분의 붉은 나무 숲이 해안 경관과 아주 잘 어울려서 아름다운 경관을 자랑하는 곳입니다. 마지막으로 페레이리 크릭 주립공원은 이들 세 주립공원 중에서 가장 넓은 면적(5천ha)을 가진 공원으로, 오릭(Orick)이라는 작은 마을 북쪽에 위치하며, 90미터 이상의 큰 키를 가진 나무들로 이루어진 원시상태의 울울창창한 붉은 나무 숲을 보유하고 있는 공원입니다. 또한 이곳에는 한때 사금(砂金)이 많이 생산되었던 골드 브루프 해변(황금 벼랑 해변:Gold Bluffs Beach)에, 협곡 전체가 여러 종류의 고사리와 이끼들로 장식되어 있는 고사리 협곡(Fern Canyon)이 있는 곳으로 유명합니다.

해안 붉은 나무들이 사실 레드우드 국립공원에서만 자라고 있는 것은 아닙니다. 이 국립공원에 분포하는 붉은 나무는 오래곤주의 최남단으로부터 캘리포니아의 몬테레이 카운티의 남단에 이르기까지 태평양 해안에 걸쳐서 724킬로미터의 길이와 8-56킬로미터의 폭으로 분포하고 있는 붉은 나무 숲의 일부일 뿐이다. 그러나 국립(또는 주립)공원으로 지정된 이 지역의 해안 붉은 나무 숲에는, 지구상의 생명체 중에서 112미터에 달하는 가장 큰 키를 자랑하는 해안 붉은 나무가 있으며, 태고의 원시 상태 그대로의 신비를 간직하고 있는 처녀림이 있는가 하면, 온대지방에서는 흔하지 않는 온대우림(溫帶雨林)의 형태로 있는 붉은 나무의 숲이 있기 때문에 그 보존의 의미를 찾을 수 있다고 하겠습니다.

숲으로 둘러 쌓여 계속하여 변하는 산악 도로의 경관은 험볼트 레드우드 주립공원(Humboldt Redwood State Park)에 들어서면서 절정에 달합니다. 센프란시스코를 떠난지 5시간만에 도착한 험볼트 주립공원은 가장 넓은 면적의 붉은 나무를 가진 주립공원으로서 특히 101번 고속도로가 지나는 가버빌(Garberville)에서 페퍼우드(Pepperwood)에 이르는 50킬로미터의 구간은 옛날부터 '거목(巨木)들의 거리(Avenue of the Giants)'라고 불리는 명소로 알려져 있는 곳입니다. '거목들의 거리' 라는 지도상의 표시를 글자 그대로 믿고서 '거대한 붉은 나무가 가로수로 서 있는 유명한 거리' 인줄만 알았다가, 붉은 나무 숲 속으로 난 50킬로미터나 되는 숲길임을 알고서는 이러한 자연을 가지고 있는 이 땅이 새삼 부러웠습니다. 새롭게 확장한 101번 고속도로가 붉은 나무 숲 옆으로 비켜서 북쪽으로 향하여 곧게 뚫여 있는 반면, 확장하기 전의 옛날의 좁은 도로는 거대한 붉은 나무들이 하늘을 찌를 듯이 솟아있는 숲 속으로 난 구불구불한 길을 말합니다.

거목들이 울창한 숲 속으로 난 우리나라의 길을 한번 상상해 보라고 하면, 첫째 중부임업시험장을 끼고 광릉 숲 속으로 난 도로가 먼저 머리 속에 떠오르고, 다음으로 오대산 월정산 경내에 있는 전나무 숲 속 길을 들 수 있겠습니다. 그러나 두 곳 모두 기껏(?)해야 수백 미터 또는 일 이 킬로미터의 짧은 거리에 30미터 미만의 키를 가진 나무들이 서 있는 길인데도 그러한 곳을 지날 때마다 신비로움을 느끼게 만들고 경탄을 자아내게 했던 그러한 경험을 회상하면, 80여 미터 이상의 큰 키로 하늘을 찌를 듯이 솟아있는 붉은 나무들이 울창한 숲 가운데로 난 길, '거목들의 거리' 를 한시간여 동안 달려본 것은 소중한 또 다른 체험입니다. 한 두 무리의 독일 여행객을 제외하고는 사람이라곤 볼 수 없는 숲 속을 자동차로 달리거나, 때로는 차를 내려서 숲 속의 오솔길을 따라서 걸었던 경험은 진기한 것이었습니다.

서쪽 하늘을 향해서 기우러져 있는 태양이 숲 속을 흐릿하게 밝혀주는 늦은 오후에, 80-90여 미터의 큰 키를 지닌 거목들 사이에 서 있는 인간. 사람의 족적 또는 인공의 흔적이라곤 털끝만큼도 없이 수백 만 년 동안 간직해

온 정적을 어느 한 순간에 내보인 숲. 그 신비스러운 정적을 가슴에 담을 수 있었던 것은 나 혼자만이 느낀 순간적인 감회였을까요. 빛의 조건이 충분하지 않은 울울창창한 붉은 나무 숲 속에서 찍은 사진들 중 옳게 나온 것이 많지 않은 것이 하나의 흠이었지만 그 숲 속에서 경험한 경이로움은 숲이 무섭다라는 새로운 체험까지도 포함되는 것이었습니다. 숲이 무섭다는 느낌을 털어 낼 듯이, 우리는 크레센트 시 인근에 위치하고 있는 해안 붉은 나무의 왕국, 레드우드 국립공원을 향해서 다시 길을 재촉했습니다.

단 한그루의 붉은 나무를 베어서 만든 여관, 커리 레드우드 랏지에서 새벽잠을 깨어서 눈에 가장 먼저 들어 온 것은 벽면을 장식하고 있는 신비스러운 붉은 색이었습니다. 하룻밤을 묵기 위해서 2개월 전에 전화예약을 했더니, 예약 확인서와 함께 보내온 여관 안내서의 설명처럼 한 그루의 붉은 나무를 베어서 만든 여관은 조금 더 비싼 숙박료의 값을 충분히 할 만큼 인상적이었습니다. 객실의 벽면을 장식하고 있는 베니어 합판의 나무 결은 밑둥치의 붉은 나무 옹이를 이용하여 만들어졌기에, 진홍색의 붉은 나무가 가진 독특한 색과 더불어 더욱 인상적이었습니다. 자연이 창조한 붉은 나무가 가진 무늬나 진홍색의 신비로움을 감상하기도 잠깐, 우리는 이른 아침부터 일정을 서둘렀습니다.

이른 아침부터 일정을 서둘렀던 이유는 붉은 나무의 왕국을 가능한 많이 체험해보고자 했던 단순한 이유 이외에도 방문객들에 의해서 번잡스러워지기 전에 남보다 먼저(?) 처녀림(處女林)의 상태로 보존되어 있는 제데디아 스미스 붉은 나무 주립공원(Jedediah Smith Redwood State Park)의 숲을 찾아보고 싶었기 때문이었습니다.

숲과 관련이 있는 동료나 또는 숲에 대한 프로그램이나 기사를 기획하는 언론계에 종사하는 이들과의 대화에서 빈번하게 제기 될 수밖에 없었던 문제 중의 하나가 다시 한번 머릿속에 떠올랐습니다. 숲의 원형인 원시림(原始林), 처녀림이 우리나라에 존재하느냐, 존재한다면 어느 숲을 원시림이나 처녀림이라고 할 수 있는가? 또는 존재하지 않다면, 원시림에 근접한 우리나라의 숲은 어디에 있는가? 이러한 의문에 대하여, 우리나라에는 원시림이나 처녀림이 없다는 결론과, 명색이 나무와 관련된 학문을 전공하면서, 그러한 숲을 실제로 한번도 본 적이 없었다는 자격지심 등이 아마도 이른 아침부터 이 숲을 서둘러 찾아 나서도록 만들었는지도 모릅니다.

해안 붉은 나무의 왕국을 찾는 길 중에서 가장 아름다운 길의 하나이며, '신과 만날 수 있는 길'이라고도 알려져 있는 '하우랜드 힐 로드'는 크레센트 시가지를 벗어나자마자 바로 시작됩니다. 제데디아 스미스 레드우드 주립공원을 관통하는 이 길은 비포장 도로로서, 소형 승용차 두 대가 겨우 빠듯하게 빗겨 가거나 또는 겨우 한대가 지나 갈 수 있는 폭을 가진 옛길입니다. "이 길이 지나가는 제데디아 스미스 주립공원의 숲이 붉은 나무의 왕국들 중에 본래 그대로의 모습을 가장 원형대로 간직하고 있는 원시림, 또는 처녀림의 숲"이라는 안내문의 설명은 틀리지 않았습니다. 시가지를 벗어난 지 수분만에 언덕길을 접어 들었고, 어느 한 순간에 적막감, 고적감을 느낄 수 있는 붉은 나무의 왕국에 우리는 있었습니다. 인적이라고는 없는 이른 아침 시간, 고요함 속에서 해안으로부터 건너 온 진한 운무 속에 거대한 붉은 나무들이 우리 식구를 맞고 있었습니다. 일백 여 년 전에 난 그 길에서 한 발작만 벗어나면, 바로 수천 년, 수만 년 전의 형태 그대로 여전히 붉은 나무 숲은 사람을 맞고 있었습니다. 자연스럽다(제 모습 그대로 스스로 존재한다)라는 말이 바로 적절한 그 숲 속에서 우리는 숲의 일부가 되어 자연이 될 수밖에 없었습니다. 서있는 나무는 물론이고 수명이 다 되어 쓰러져 길게 누워있는 거대한 붉은 나무의 몸체에는 연초록 색의 온갖 이끼들이, 숲에는 고사리를 비롯한 철쭉과 같은 관목류와 더글러스 퍼(미송)를 비롯한 큰키나무들 등 온갖 식물들이 어우러져 제자리를 지키고 있었습니다. 온갖 식물들이 제자리를 꽉 차게 지키면서, 빈틈이라고는 거의 없는 숲 속에서 느낄 수 있는 이러한 적막함, 고요함은 과연 어디서 유래하는 것일까요! 아마도 이러한 고적함을 경험할 수 있는 곳이기 때문에 이곳을 소개한 안내책자에 이 붉은 나무의 왕국을 '신을 만날 수 있는 곳', 또는 '종교의 탄생지'로 서술하였으리라 믿습니다. 이 같은 서술은 이 지역에 오래 전부터 거주하던 원주민 인디언들의 민속과 관련된 기록에서도 엿볼 수 있습니다. 붉은 나무는 이 지역에 거주하던 원주민 인디언들에게는 성소(聖所)로 인식되어 붉은 나무의 그늘을 신이 보호하는 안전한 장소로 믿었습니다. 또한 붉은 나무를 '위대한 영혼이 깃든 곳'으로 인식하여, 중요한 부족 회의는 이 붉은 나무 옆에서 가졌다고 전해집니다.

나무 높이 103미터나 되는 '스타우트'라는 이름을 가진 붉은 나무는 하우랜드 로드에서 조금 벗어난 스타우트 그로브(Stout Grove)에 있었습니다. 숲 전체를 자욱하게 적시는 해안에서 옮겨 온 아침 안개 속에, 당당하게 곧추선 자태를 보일 듯 말듯, 거대한 모습으로, 하늘을 찌를 듯이 서있었습니다. 일백 미터 이상의 몸체를 가지고 있는 이 생명체에게 인간이 만든 길이의 단위는 과연 어떤 의미가 있을까요? 가만히 팔을 벌려 이 거대한 생명체의 품에 잠시 안겨 봅니다. 갑옷처럼 생긴 붉은 나무 특유의 수피(樹皮)에서 품어 나오는 수백 년, 또는 수천 년 동안 간직해 온 역사의 냄새를 맡아봅니다. 태어난 후 수백 년 동안, 또는 일 이천 년 동안, 한 순간도 굽히거나 누워 본적이 없는 거대한 줄기를 우러러 봅니다. 나무라는 생명체를 다시 한번 우러러 보지 않을 수 없는 순간입니다.

해안 붉은 나무들 중에서 스타우트 나무처럼 키가 큰 나무들은 퇴적물이 풍부한 하상(河床) 주변에서 일반적으로 발견된다고 알려져 있습니다. 하상 주변은 일년 내내 수분 공급이 비교적 원활하고, 토양 속의 무기질 영양분이 풍부한 생육환경 조건을 제공하기 때문에 강변에서 자라는 붉은 나무는 일년에 약 60센티미터까지 자랄 수 있으며, 30년 생일 때, 15미터, 60년 생일 때, 30미터, 400여 년 생이 되면 성숙목(成熟木)이 되어 일백여 미터의 키를 가진 거목으로 자라게 되는 것입니다. 이 스타우트 나무도 스미스 강(Smith River) 주변의 생육환경이 좋은 곳에서 자라고 있으며, 이 지구상에서 가장 키가 큰 생명체인 '빅 트리(Big Tree)' 도 레드우드 크릭(Redwood Creek)' 이라 불리는 개울 주변에서 112미터의 큰 키를 뽐내면서 살고 있습니다. 이와는 달리, 생육 환경이 불량하고, 수분의 공급이 충분하지 않은 해발고도가 높은 지역에서 자라는 붉은 나무들은 결코 거대하게 자라지 못합니다. 한가지 흥미로운 사실은 이렇게 거대한 키를 가진 나무이지만, 이 나무가 가지고 있는 솔방울(구과)의 크기는 바늘잎나무들의 솔방울 중에서 가장 작은 것에 속한다는 사실입니다. 이렇게 작은 솔방울 속에는 토마토 종자 크기만한 작은 종자 오륙십 개가 들어 있어서, 종래에 500톤의 무게를 가진 100

미터 이상의 큰 키를 가질 나무로 자랄 수 있는 정보를 지니고 있다는 사실을 생각하면, 생명의 신비에 다시 한번 경외심을 가지지 않을 수 없습니다.

십여 년째 동경했던 붉은 나무 왕국의 처녀림을 가슴 깊이 넣고서는 제드다이아 스미스 주립공원의 동쪽 경계에 위치한 히오치 공원 안내소(Hiouchi Information Center)에 잠시 들렀습니다. 간단한 기념품과 그림엽서를 구입한 후 어제 이용했던 101번 고속도로인, 붉은 나무 고속도로의 운행 방향을 이제는 남쪽으로 되돌려 퍼레이리 주립공원과 그 남쪽에 위치한 레드우드 국립공원(가장 큰 생명체를 품고 있는 톨 트리 그로버:Tall Tree Grove)을 향하여 차를 달렸습니다.

'드루리 경관 공원 도로(Drury Scenic Parkway)'는 퍼레이리 크릭 붉은 나무 주립공원을 관통하는 옛 101번 고속도로로서, 특히 이 길 옆에 있는 '거대한 붉은 나무(Big Tree)'는 그 큰 덩치로 유명합니다. 또한 이 '거대한 붉은 나무' 인근의 숲은 와싱턴주의 올림픽 반도에서나 볼 수 있는 온대우림(雨林)의 모습을 볼 수 있는 곳으로 이름 난 곳입니다. 연한 녹색의 이끼가 숲 전체를 장식하고 있는 곳으로, 숲을 장식하는 온갖 식물들이 촉촉하게 젖어있는 모습은 아주 인상적이었습니다. 가지마다 치렁치렁하게 늘어진 이끼들이, 젖어있는 숲의 공기가, 잎새마다 반짝이는 물방울이 온대지방의 일반적인 숲에서는 볼 수 없는 색다른 인상을 심어주었습니다. 열대지방에서나 볼 수 있는 우림의 형태를 처음으로 체험해 보는 순간입니다.

해안 붉은 나무가 생육하는 지역의 기후를 단적으로 표현할 수 있는 것은 과습한 지역으로 특징지울 수 있습니다. 붉은 나무가 서식하고 있는 태평양 연안은 대륙의 서안에 위치하고 있는 지정학적인 이유 때문에 일반적으로 여름에는 건조하며, 겨울에는 비가 많이 내립니다. 그러나 붉은 나무가 서식하는 해안 지역은 여름철에도 건조하지 않습니다. 그 이유는, 해안으로부터 50킬로미터 이상 떨어진 내륙지방의 여름은 건조하지만, 해안에 인접해 있는 붉은 나무의 왕국은 여름철에도 해안으로부터 발생한 습한 안개가 이 붉은 나무의 왕국을 뒤덮기 때문에 적절한 습도를 유지할 수 있다고 알려져 있습니다. 대부분 붉은 나무의 천연분포 지역은, 그런 이유로, 여름철에 해안으로부터 발생한 습한 안개가 뒤덮이는 태평양 연안의 특정 지역에만 한정되어있습니다. 건조한 여름철에 해안의 습한 안개가 나무의 수관과 만나면, 이들 해안의 안개는 붉은 나무의 잎에 응결되어 물방울로 변하여 건조한 토양 조건을 습하게 유지시킬 수 있기 때문에 일년에 60여 센티미터씩 붉은 나무들이 계속하여 왕성하게 자랄 수 있으며, 열대 지방에서나 볼 수 있는 우림의 형태로 자랄 수 있는 환경을 제공할 수 있는 것입니다.

해안과 가까운 곳에 위치한 레드우드 국립공원 구내나 또는 주립공원을 관통하는 붉은 나무 고속도로에는, 낮에도 자동차의 헤드라이트를 켜라는 운전자를 위한 경고문이 인상적이었습니다. 아마도 해안에서 피어 올라오는 짙은 안개로 숲 속을 관통하는 도로를 이용하는 운전자의 가시거리가 충분하지 않기 때문에 운전자의 안전을 위해서 이와 같은 경고문이 필요할 것입니다.

퍼레이리 크릭(Prairie Creek) 레드우드 주립공원에서 그냥 지나칠 수 없는 다른 한 곳은 고사리 협곡(Fern Canyon)입니다. '루즈벨트 엘크'라고 불리는, 큰사슴들이 한가롭게 노니는 황금 벼랑 해변을 따라 5킬로미터쯤 북쪽으로 차를 몰아, 자연이 창조한 매혹적인 장소, 고사리 협곡을 찾았습니다.

'홈 크릭(Home Creek)'이라고 불리는 개울이 황금 벼랑을 관통하여 해변으로 흐르면서 만든 고사리 협곡은, 동화 속의 세계였습니다. 해변에서 불어온 습한 바람은 협곡 사이로 흐르는 개울과 만나서 습기가 많은 축축한 동굴과 같은 환경을 만들고 있었습니다. 붉은 오리나무들이 첨병처럼 서있는 협곡의 입구를 들어서자마자 습하고 서늘한 찬바람이 우리를 맞았습니다. 마치 온갖 녹색식물로 장식된 화환과 같은 형상의 협곡은 푸릇푸릇한 동굴이었으며, 동화 속에나 있음직한 무성한 초록의 세계를 창조해 내고 있었습니다. '소녀의 머리(maidenhair)'라는 이름을 가진 고사리를 비롯하여, 다섯 손가락 고사리(five-fingered fern), 칼 고사리(Sword fern), 숙녀 고사리(Lady fern) 등의 여러 종류의 고사리와 이끼들이 15 미터 높이의 협곡 벽면에 빽빽하게 드리워져 있었습니다. 황금벼랑 해변의 한 모퉁이, 고사리 협곡에서 시간이 흐르는 것도 잊고 녹색의 세계, 동화의 세계 속으로 우리는 점점 더 깊이 빠져들어 가고 있었습니다.

지구상에서 가장 키 큰 생명체인 해안 붉은 나무가 최초로 백인에게 알려지기는 센프란시스코 만 주변을 탐사하던 스페인 탐험대에 의해서였습니다. 스페인 탐사대의 1769년 10월 10일의 기록에 의하면, 센프란시스코 만 주변을 탐사하다가 붉은 색을 가진 나무를 발견하였다고 기록되면서, 서구의 세계에 해안 붉은 나무가 알려지게 되었습니다. 그러나, 붉은 나무에 대한 본격적인 이용의 역사는 일백오십여 년 전으로 거슬러 올라갑니다. 1828년 제드다이아 노르테이라는 모피 수집상이 록키산맥과 태평양 연안을 연결하는 통로를 찾기 위해서 이 붉은 나무의 왕국을 본격적으로 탐사한 이후로, 이 지역에 정착하게된 스페인계와 앵글로 백인들에게 붉은 나무가 알려지기 시작하였으며, 1850년대에 발견된 이 지역의 금광 개발과 발맞추어 본격적인 벌채가 시작되었다고 합니다. 이백여 년 전에는 약 80만 헥타아르의 면적에 걸쳐 있던 이 지역의 붉은 나무 숲은 현재 약 26만 헥타아르의 면적이 붉은 나무의 생육형을 가진 지역으로, 벌채하여 목재를 생산할 수 있는 임업적인 생산 활동이 이루어지고 있는 장소입니다. 그러나, 노령 과숙 임분의 형태로 있는 붉은 나무의 숲은 8만여 헥타아르의 면적뿐이며, 이들 중 일만사천 헥타아르의 노령임분만이 붉은 나무 주립공원, 또는 붉은 나무 국립공원으로 지정되어 보호를 받고 있으며, 나머지 대부분의 붉은 나무의 노령과숙 임분은 사유림에 포함되어 있기 때문에, 앞으로 수십 년 이내에 이들 상업적 가치를 가진 붉은 나무의 숲들은 벌채될 것이라고 합니다. 붉은 나무의 상업적 가치는 이 지역에 이주해 온 백인들에게 일찍부터 알려졌습니다. 이 지역에서 벌채된 대부분의 붉은 나무들은 흰개미나 부패에 강한 재목의 특성 때문에, 서부지역에서 특히 이상적인 목재로 선호되어, 서부 개척시대의 신흥도시 건설에 수 없이 사용되었을 뿐만 아니라, 시카고 경기장의 노천관람석, 페루의 철로 침목 등으로도 사용되었다고 합니다.

지구상에 존재하는 가장 큰 키를 가진 생명체, 112.1미터의 거구를 가진 생명체, 590여 년을 살아 온 생명체인 붉은 나무를 찾는 일은 생각처럼 쉽지 않았습니다. 수많은 방문객들로부터 이 생명체를 옳게 보호하기 위해서, 오릭 마을 근처에 있는 레드우드 방문센터는 아주 중요한 업무를 수행하고 있었습니다. 매년 6월 15일부터 9월 1일까지의 기간에, 하루 두 번씩 45인승 버스가 이 생명체가 있는 빅 트리 그로브(Big Tee Grove)입구까지 운행을 하며(하루에 90명만이 자동차를 이용한 방문이 가능하다는 뜻), 그 외의 계절에는 오직 하루 25대의 승용차만이 먼저 오는 순서대로 방문을 허용한다는 원칙을 세워두고 있었습니다. 물론 왕복 28킬로미터의 등산로는 개방이 되어 있지만, 노숙의 허가를 얻은 후, 캠핑 장비와 식량을 휴대하고 이틀쯤 넉넉히 시간을 잡아서 두발로 걷지 않는다면야, 여간해서는 얻기 힘든 기회가 틀림없는 사실입니다. 우리가 방문했던 시기는 물론 하루에 25대의 승용차만이 방문이 허용되었던 시기로서, 25번째의 순서에는 들 수가 없었습니다. 당연한 결과로, 지구상에 존재하는 가장 큰 키를 가진 생명체를 대면할 기회를 이번 여행에서는 얻을 수 없었습니다. 신(神)과 만난 '하우랜드 로드' 주변의 처녀림과 103미터의 수고를 가진 스타우트 나무, 퍼레이리 크릭 주립 공원의 온대 우림, 고사리 협곡과 황금 벼랑 해안에 할애하였던 시간이 헛된 것이 아니었지만, 여전히 아쉬운 마음이 떠나지 않았습니다. 사실 이 키 큰 생명체를 찾아서 삼천여 킬로를 달려왔는데 말입니다.

지구상에서 가장 키 큰 생명체에 얽힌 한가지 재미있는 사실은, 1963년 내셔날 지오그래픽 소사이어티가 112미터 높이의 장대한 붉은 나무를 발견하기 전에는 험볼트 레드우드 주립공원내에 가장 키 큰 생명체로 알려진 나무가 있었다는 것입니다. 삼십 여 년쯤 오래된 문헌에는 레드우드 주립공원에 있는 가장 키 큰 나무보다 약 3미터정도 작은 109미터의 키를 가진 '다이어빌 자이언트(Dyerville Giant)'라는 이름을 가진 나무를 험볼트 주립대학의 임학과 연구팀이 일강(Eel River)주변에서 발견하였다고 합니다. 실제로 레드우드 국립공원의 안내서와 험볼트 주립공원의 안내서에는 각각의 공원 구내에 이 지구상에서 가장 큰 생명체가 있다고 자랑을 하여, 방문객들에게 혼란을 가져왔던 것도 사실이었습니다. 그러나 험볼트 주립공원 구내에 있는 이 나무는 1992년 3월 24일 밤에 쓰러졌다고 합니다.

하기야 가장 '최고'니, 가장 '제일'이라는 의미는 인간의 관점에서, 인간의 산술적 기준으로 정한 것이니 붉은 나무에게는 아무런 가치가 없으리라 믿습니다. 앞으로도 천년 동안을, 아니 이천년 동안을 더 인간과는 다른 삶을 영위할 나무들의 세계에서 80여 년의 생을 가진 인간의 눈으로, 인간의 가치 기준으로, 인간이 만든 단위로 '최고'니, '제일'이라는 단어가 과연 무슨 의미가 있겠습니까!

해안 붉은 나무의 왕국을 찾은 이번 여행길에 가장 키 큰 생명체를 단번에 대면하지 못했던 것은 아쉬운 사실이지만, 실망하지 않습니다. 왜냐하면 지난 백만 년을 굳건히 버텨왔던 자태처럼, 여전히 신비의 붉은 왕국을 앞으로도 계속 지켜줄 테고, 또 기회가 주어지면 이 붉은 나무의 왕국을 찾아 나설 테니 말이다. 세콰이어 국립공원도 세 번 걸음 끝에야 마침내 공원구내에서 묵을 수 있었던 것을 상기하면, 새삼스러운 일도 아니리라 믿습니다, 한번의 여정으로 신비의 세계를 속속들이 체험할 수 있다는 것이.

인공조림으로 되살아난 세인트 헬렌 화산폭발지의 숲

미국 워싱턴주의 세인트 헬렌(St. Helens) 화산폭발은 흔히 자연 스스로 복원하는 능력이 얼마나 위대한지를 증명하는 사례로 유명한 곳이다. 그러나 덧붙여 강조하고 싶은 것은 세인트 헬렌 화산폭발이 자연의 위대한 복원능력 뿐만 아니라 인간의 노력으로 자연을 복구시킬 수 있음을 증명하는 또 다른 현장이 될 수 있다는 사실이다. 화산폭발이 있은 지 20년 만에 찾은 세인트 헬렌 화산은 자연을 복구시키려고 꿈꾸는 산림학자에게조차 인간의 의지가 얼마나 위대한가를 새롭게 느낄 수 있는 생생한 현장이었다.

워싱턴주의 남서쪽에 자리잡고 있는 세인트 헬렌 화산은 123년 동안의 긴 휴면기간을 거친 뒤 1980년 3월 엄청난 화산재와 뜨거운 증기를 뿜어내면서 분출되기 시작했다. 5월 18일 오전 8시 32분 리히트 지진계 5를 기록한 지진은 지구상에서 있었던 가장 큰 산사태의 하나를 불러왔다. 산사태가 일어나는 동안 정상부위 390미터 이상이 내려앉아 터틀강의 계곡으로 밀려 내려왔다. 그리고 거대한 산사태는 산허리의 표면 암석을 노출시켰고, 마침내 산허리에서 거대한 화산이 분출되도록 만들었다. 화산폭발의 여파로 정상부위 390여 미터가 사라지고 대신에 산허리부분에 거대한 분화구가 형성된 것이다.

이 화산 폭발로 인한 생태계의 파괴는 엄청났다. 분화구를 중심으로 북쪽 반경 30킬로미터 지역은 화산폭발의 위력 때문에 자라던 나무들이 모두 쓰러졌으며, 그 여파로 엄청난 양의 나무 파편 더미가 계곡을 메웠다. 오늘날도 분화구의 반경 6킬로미터 지역에는 회색 화산재가 여전히 덮여 있음을 관찰할 수 있다.

화산폭발의 위력은 인간의 상상력을 뛰어넘는 엄청난 것이었지만 그러나 자연의 복원력도 한편으로 대단했다. 폭발지로부터 21킬로미터 떨어진 해발 450-900미터 지역은 18센티미터의 화산재가 쌓였지만 식생들이 생각보다 빨리 복원되었다. 그러나 폭발지로부터 10킬로미터 떨어진 해발 900-1500미터 지역은 쌓인 화산재의 두께가 수십 센티미터에 달해 식생의 복원이 아주 완만하게 진행되고 있었다.

화산폭발로 분출된 암석, 가스, 엄청난 열과 뜨거운 수증기는 개인, 주정부 및 연방정부가 소유한 6만ha의 산림을 순식간에 파괴시켰다. 화산 폭발이 끼친 피해는 이뿐만 아니었다. 화산폭발로 인한 산사태 때문에 57명의 인명피해가 있었고, 1900년부터 이 지역에 조림지를 갖고 있던 웨어하우즈(Weyerhaeuse)사는 가장 큰 피해를 입은 기업체가 되었다. 27,000ha의 숲이 파괴되었고, 그 결과 이 회사가 집약적으로 재배하던 나무농장(tree farm)의 14%가 파괴되는 피해를 입게 되었다.

오래 전부터 이 지역에서 집약적으로 조림사업을 해왔던 웨어하우즈사가 산림경영 역사상 가장 도전적인 재조림 프로그램을 실시한 것은 그래서 오히려 당연한 절차였다. 폭발지역에 대한 활동이 인체에 영향을 크게 미치지 않는다는 연구 결과에 따라 이 회사의 직원들은 3단계 작업을 단계적으로 실시했다. 그 첫 번째가 화산재 피해지역에 묘목의 활착율을 높일 수 있는 방법에 대한 연구였으며, 두 번째는 화산폭발로 쓰러진 나무를 제거하는 작업이었다. 그리고 마지막 단계로 대대적인 조림사업을 실시하는 것이었다.

화산 폭발이 있은지 4주 후에 웨어하우즈사의 임업가와 산림과학자들은 화산재 피해지역에 어린 묘목을 심을 경우, 화산재가 묘목의 활착과 생장에 어떤 영향을 미치는지 연구를 시작했다. 이 회사의 연구진들은 침엽수 묘목의 뿌리를 화산재 밑의 원래부터 있던 토양 속에 심으면 생존율(활착율)이 나 묘목의 생장에 지장이 없다는 사실을 발견할 수 있었다. 이 것은 화산폭발로 황폐해진 지역을 다시 푸른 숲으로 녹화시킬 수 있는 중요한 발견이었다.

그 다음으로 시작한 일은 화산폭발의 영향으로 쓰러진 나무들을 임지에서 제거하는 일이었다. 청소벌채라고 이름 붙여진 이 작업은 쓰러진 나무에 대한 병충해의 공격으로 재목으로서의 가치가 저하될 위험 때문에 신속하게 진행되어야만 했기에 1980년 9월 15일부터 시작되었다. 1000명 이상의 직원들이 이 작업에 참여했으며, 여름 성수기 동안 매일 600여 대의 트럭들이 쓰러진 나무들을 제거하였다. 이러한 청소벌채 작업은 1982년 11월에야 완료되었다.

화산폭발로 인한 피해지역의 재조림 사업은 1981년부터 대대적으로 실시되었고, 1987년 6월까지 모두 1840만 그루의 나무를 일일이 사람의 손으로 심는 것으로 재조림 사업은 끝났다. 이 재조림 사업에 사용된 묘목들은 워싱턴주와 오레곤주에 소재한 묘포장에서 기른 더글러스 퍼, 노블 퍼, 롯지폴 소나무, 포플러 등으로 모두 18,200ha의 면적이 조성되었다.

1981년 첫 조림기간에 심겨진 나무들의 생장은 1999년 여름에 조사되었는데 평균수고가 15미터에 달했고, 가장 생장이 좋은 것은 16.5미터나 되었다. 화산폭발지역에 심겨진 이들 나무들은 2000년의 간벌에 이어 2025년에는 최종벌채를 하게 될 것이라고 한다. 그 이후는 이들 지역도 다른 조림지처럼 변함 없이 조림과 벌채의 순환작업이 계속될 것이라고 한다.

이 모든 정보는 세인트 헬렌 화산피해지 한가운데에 웨어하우즈사가 세운 산림교육관(Forest Learning Center)에서 얻을 수 있었다. 시청각 자료를 활용하여 나무와 숲이 주는 혜택은 물론이고 화산 폭발단계에서 시작하여 나무를 심고 숲이 새롭게 조성된 오늘의 모습을 기록으로 남겨 그 전과정을 교육자료로 활용하는 자세는 정녕 부러웠다. 자연재해지역을 하나의 살아 있는 교육장으로 활용하는 지혜는 평소 기록을 철저하게 남기는 이들의 생활태도와도 밀접한 관련이 있으리라 믿는다.

이 지역을 한번 돌아보면서 특히 새롭게 인식하게 된 것은 '자연재해지의 산림은 인공복구보다는 자연복원이 더 좋다'는 일각의 잘못된 시각을 불식시킬 수 있는 훌륭한 사례라는 점이었다. 동해안 산불 피해지를 어떻게 복구시킬 것인가에 대한 다양한 논의들도 이 지역에 대한 조림사례를 참고하면 금방 해답을 얻을 수 있을 것이라는 생각이 들었다. 우리도 동해안 산불 피해지 복구에 대한 다양한 방법을 담고, 산불피해의 참혹상을 기록으로 남길 수 있게 이와 유사한 산림교육센터가 하루 빨리 설립되어야 한다는 생각도 들었다.

사막 위에 선 포플러 숲

사막 한가운데서 녹색 반점을 발견하고 자동차로 한참을 더 달려야 했다. 우리들 앞에 다가온 그 녹색 점은 놀랍게도 울창한 포플러 숲이었다. 이 포플러 숲은 새로운 조림기술 덕분에 쓸모 없는 땅이라고 방치되었던 황량한 사막을 녹색물결이 숨쉬는 생명의 땅으로 바꾼 현장으로 오늘날 많은 조림학자나 육종학자들이 찾고 있는 곳이다. 바로 포플러를 농장식으로 집약재배하고 있는 Potlatch사의 조림현장을 방문한 것이다.

오늘날 미국에서 주목을 받고 있는 인공조림의 성공사례는 단벌기 집약재배(短伐期 集約栽培)에서 찾을 수 있다. 단벌기 집약재배란 산림을 농장을 경영하는 방식처럼 집약적으로 관리하여 짧은 시간에 원하는 임산물을 목표시점에 생산해 내는 조림기술을 말한다. 일반적인 조림작업은 수목의 생육특성 때문에 100-200년의 긴 수확기간(벌기)을 필요로 한다. 그러나 속성으로 자라는 몇몇 수종은 집약적인 방법으로 숲을 조성하여 관리하면 10년 내외의 기간으로 원하는 임산물을 생산해 낼 수 있다. 그래서 단벌기 집약재배는 포플러나 오리나무처럼 생장이 빠른 수종들을 대상으로 그 가능성이 오래 전부터 모색되어 왔다.

단 6년 동안만 나무를 키워서 펄프용 칩을 생산해 내는 단벌기 집약재배장소는 오래곤주 보드맨카운티의 Potlatch사 조림지에서 찾을 수 있다. Potlatch사가 특히 사막과 다름없는 이 지역을 선정한 이유는 물만 원활하게 공급할 수 있다면 이 지역의 사막성 환경이 역설적으로 포플러의 생육에 극히 유리하고, 그리고 교통수단(기차나 강의 바지선 및 트럭)을 편리하게 이용할 수 있기 때문이었다.

미국의 오레곤주와 워싱턴주 등 동부지역은 물 문제만 해결하면, 포플러가 자라는데 세계에서 가장 좋은 환경조건을 가진 지역이라고 할 수 있다. 결빙일수가 짧아서 상대적으로 긴 생육기간을 유지하며, 속성재배에 필요한 낮의 길이가 길고, 맑은 날씨가 계속되기 때문에 빨리 자라는 포플러에게는 최적의 생육지라고 할 수 있다.

사막과 다름없는 이 지역이 포플러 생육에 적합한 장소로 변모하기 위한 필요조건은 원활한 수분공급이라고 할 수 있다. 다행스럽게도 이 지역은 포플러를 집약재배 하는데 필요한 수자원과 값싼 에너지는 인근의 수력발전소가 많은 콜롬비아 강에서 쉽게 구할 수 있는 입지 여건을 구비하고 있었다. Potlatch사는 그밖에 개개목의 포플러에게 적절한 양의 수분을 매일 매일 공급하기 위해서 자동화된 최첨단 컴퓨터 장비와 관수시설을 확보하고 있었다. 특히 이 회사가 개발한 한 방울 한 방울씩 적은 양의 수분과 함께 영양분을 지속적으로 공급하는 수분공급기술은 포플러의 속성재배에 적합했다. 나무에게 물과 영양분을 공급하는데 필요한 깨끗한 물은 인근에 위치한 콜롬비아 강물을 정수하여 사용하였다.

Potlatch사가 현대농업기술의 하나로 개발한 목질섬유 자동화 생산 방식을 임업경영기법에 응용하여 포플러 집약재배를 시도하게 된 배경은 미연방정부가 보유한 임산자원을 다량으로 매각함으로 파생된 다양한 사회적 이슈(법적, 정치적 압력)에서 찾을 수 있다. Potlatch사는 연방 임지의 임산물 매각과 생산에 대한 사회적 제약이 앞으로도 계속될 것이고, 따라서 조만간 펄프용 원료수급에 곤란을 겪게 될 가능성이 클 것을 예상하고 포플러 집약재배 사업을 시작했다.

미국 산림청에 대한 법원의 법적 및 행정명령에 따라 연방임산물의 매각은 오늘날 점차 줄어들고 있는 추세에 있다. 연방 임산물의 생산감소 여파로 Potlatch사의 제지공장에 펄프용 칩 원료를 공급해주던 몇몇 제재소와 합판공장은 이미 문을 닫았다. 설상가상으로 가까운 장래에 연방 임산물에 대한 공급체계가 새롭게 확립되지 않는다면 앞으로도 펄프용 원료를 공급해주던 여러 제재소나 합판공장들이 계속해서 문을 닫게 될 형편이기 때문에 자구책을 강구해야만 했다.

연방 산림으로부터 생산된 펄프용 칩에 의존했던 펄프회사들은 칩의 공급부족 문제를 포플러의 단벌기 집약재배로 해결하고자 시도했다. 그런 시도의 일환으로 포플러류가 잠재적인 섬유자원으로 새롭게 인식되었고, 특히 6년의 짧은 기간 동안만 재배해도 펄프 생산에 적합한 섬유질을 함유한 칩을 생산할 수 있음을 밝혀냈다.

그래서 Potlatch사는 콜롬비아 강 인근의 농장을 1990년부터 구입하기 시작해 8900ha를 확보했고, 1994년에 320ha, 1995년에 1620ha, 1996년에 1480ha의 면적에 삽목조림으로 포플러를 심었다. 이렇게 심겨진 포플러들은 2000년부터 단 6년 간의 짧은 재배기간을 거친 후 매년 1,540ha씩 벌채하여 칩 생산에 이용할 계획으로 조성되었다.

그 결과 작년부터 포플러 단벌기 집약재배지로부터 170,000톤의 펄프용 칩이 매년 생산되기 시작했고, 이 양은 아이다호주에 소재하고 있는 Potlatch사의 제지공장에서 필요한 전체 펄프용 칩의 20%나 되었다. 하나 인상적인 점은 포플러로부터 섬유의 회수율을 높이기 위해서 공장에서 필요한 펄프용 칩은 매일 매일 적정한 양 만큼씩 포플러 조림지 현장에서 생산하고 있는 광경이었다.

다시 말하면 필요한 칩 양만큼 매일 벌채하고, 벌채된 포플러는 그 자리에서 칩으로 생산되어 작업현장에서 컨테이너 트럭에 실려서 고속도로를 이용하여 신속하게 아이다호의 펄프공장까지 운반되는 체계를 갖추고 있는 것이다. 바로 오늘 벌채하여 그 자리에서 생산된 칩은 밤새 달려 다음날 펄프가 되는 셈이다.

새로운 조림기술 덕분에 원료에서 제품으로의 변신이 이처럼 신속하게 일어날 수 있음을 확인하면, 조림에 대한 새로운 기술 적용이 오늘날 어려움을 겪고 있는 임업의 한계를 뛰어 넘을 수도 있음을 시사하고 있다.

Potlatch사에서 경영하는 포플러 조림지를 방문할 수 있었던 것은 빠르게 변하고 있는 현대 조림기술의 추세를 엿볼 수 있는 기회였기에 인상적이었다. 바이오매스 에너지에 쏟고 있는 이들의 노력과 앞선 생각은 좁은 국토에 많은 사람이 몰려 살고 있는 우리의 형편을 다시 한번 생각하게 만들었다. 오늘날 이 땅의 버려 둔 한계농지에 대한 가능성도 다시 한번 생각할 수 있는 기회였다. 그리고 생장이 빠르고 섬유 회수율이 높은 잡종 포플러의 클론을 선발하기 위해서 대학과 기업이 장기적으로 산학협력체계를 구축하여 다양한 문제를 해결하고 있는 점도 부러웠다.

에필로그

한 산림문화기획자의 10년

숲과 문화를 함께 보기 시작한지 10년이 지났다. 경제적으로 유족하지 못한 그만그만한 학인(學人)들이 모여서 우리 숲을 위해서 무엇인가 해보자고 마음을 모았던 때가 엊그제 같은데 어느새 10년이 흘렀다.

지난 10년의 의미는 개인적으로는 40대를 넘는 시기였다. 사회적으로 가장 왕성하게 활동할 시기의 40대를 지내놓고 보니 아쉬웠거나 부족했던 것에 대한 미련이나 후회가 없을 수 없다. 물론 미련이나 후회만 가슴속에 남는 것은 아니다. 새로운 일을 하면서 느끼고 경험했던 보람이나 자긍심 또는 즐거움도 적잖다.

개인적 감회와는 별개로 내 좋아서 해온 일이지만 이 일로 인하여 주변의 여러분께 엄청난 폐를 끼쳤다. 평생을 갚아도 다 갚지 못할 빚을 생각하면 정신이 아득해지기도 한다. 정신(글)적이며 물질(금전)적인 10년의 폐는 7천여 페이지의 「숲과 문화」가 되어 우리 사회 곳곳에 다양한 영향을 미쳤지만, 그렇다고 해도 그 업보를 쉽게 벗어 날 수는 없다. 다음 세상에서라도 갚아야 할 현생의 업이라는 생각을 가지고 있다. 그래서 혹 「숲과 문화」에 돌아올 공적이 있다면 그것은 전적으로 필자와 독자와 후원자의 몫이다.

잊지 말고 가슴 깊이 기억해야 할 진실은 또 있다. 썩 잘나지 못한 사람을 돋보이게 만들려고 표면에 나서지 않고 헌신과 봉사만 해 온 동료들의 희생정신이다. 일일이 들먹일 필요 없이 이 일을 함께 하는 동료들의 이런 정신이 없었더라면 아마도 오늘의 「숲과 문화」나 필자의 이름 석자가 세상에 알려질 기회는 없었을지도 모를 일이다. 혹 내 자신을 내세울 것이 있으면 그 모든 공은 이 일을 함께 한 동료들의 숨은 희생이 합쳐져서 이루어진 일이기에 오히려 그들의 몫이다.

지난 10년 세월에 대한 개인적 감회를 피력하고자 하는 이유는 단순하다. 오늘날 숲과 관련되어 진행 중인 우리 사회의 다양한 산림활동에 우리들은 어떤 기여를 해

왔고, 어떤 효과가 있었으며, 그 결과는 어떻게 나타나고 있는지를 정리하기 위해서 이다. 물론 개인적 경험을 바탕으로 서술하기 때문에 한 산림학도의 지난 10년에 대한 회상일 수밖에 없는 일이다.

숲의 새로운 영역확장

지난 10년 세월에 얻은 가장 큰 보람 또는 즐거움은 목재만 베어내는 공간, 또는 맑은 물과 깨끗한 공기를 생산하는 공간으로만 인식하던 숲에 대한 우리 사회의 인식을 새롭게 변화시켰다는 사실이다. 기존의 양적(量的) 개념으로 인식해 왔던 숲의 영역을 질적(質的), 정신적, 문화적 개념으로까지 확장시킨 것은 숲과 문화 연구회의 활동 덕분임을 누구도 부인할 수 없다. 산림행정을 책임진 산림청에 산림문화업무를 담당하는 부서가 생긴 일이나 산림공무원 교육 프로그램에 산림문화 과정이 생긴 일, 또 산림조합중앙회에서 산림문화사업을 진행하고 있는 것을 보면 더욱 확연하게 알 수 있다.

"숲은 모든 것의 시작이다. 의식주와 경제활동에 필요한 원료를 채취하는 곳이며, 물의 원천이고, 불의 발생지이다. 숲은 철학가, 문학가, 문화 예술인의 사색의 고향이다. 숲에서 인류는 지혜를 얻고 그것으로 문명을 창조하였다. 시, 소설, 동화, 신화, 음악, 건축 등 우리 주변에 숲과 관련 맺지 않고 있는 것은 없다. 따라서, 숲은 문화의 산실이다. 문화는 숲으로부터 탄생했다."고 밝히고 있는 우리 모임의 결성동기를 오늘날 주요 언론매체들까지도 숲이 가진 복합자원의 특성으로 인용하고 있다.

숲을 바라보는 새로운 시각 덕분에 우리들의 활동은 지난 10년의 세월 동안, 어느 단체나 어느 학회가 할 수 없는 다양한 파장을 우리 사회에 던졌다. 그러한 파장은 1회성으로 끝나지 않고 오늘의 시대정신과 결합하여 녹색문화를 형성하는 하나의 문화적 코드가 되어 우리들의 삶을 보다 풍요롭게 살찌우는 데 기여하고 있다. 우리들이 소개한 녹색문화는 산림자원학과(임학과)가 없는 대학조차도 '숲과 문화'를 전공학생이 아닌 전체 대학인을 위한 교양과목으로 개설하게끔 만들었다. 숲을 보는 좁은 시각을 탈피하여 숲에 대한 인식의 외연을 넓힌 일은 우리 모임의 선구적 활동이나 또는 「숲과 문화」에 실린 다양하고 진취적인 글을 준 필자들 덕분이다. 숲의 새로운 영역을 개척한 「숲과 문화」의 공로는 그래서 자랑할 만한 일이다.

격월간지 「숲과 문화」가 끼친 파장

「숲과 문화」가 던진 파장은 광고가 없어도, 기업이나 행정기관의 재정적인 도움이나 후원이 없어도 하나의 잡지를 10년 동안 계속하여 펴 낼 수 있다는 그 엄연한 사실에서 찾을 수 있다. 그것도 단 한번의 결호(缺號)나 합본호 없이 10년을 이어올 수 있었던 사실은 한편으로는 필자와 독자와 후원자들의 성원덕분이고, 다른 한편으로는 초심을 잃지 않았던 우리들의 자긍심과 자존심 덕분이라고 생각한다.

우리들이 경제적 이득이나 보상을 바라지 않고 10년 동안 쉼 없이 이 일을 지속했던 것은 우리 사회에 대한 믿음과 우리 숲에 대한 자긍심이 있었기 때문이다. 다시 말하면 「숲과 문화」가 10년이나 지속되었던 경이로운 현상은 어떻게 생각하면 숲을 지키고 포용하며, 현명하게 이용하려는 적잖은 시민들이 우리 주변에 포진해 있다는 증거이며, 이것은 우리 사회의 또 다른 저력이라고 할 수 있다. 「숲과 문화」 덕분에 글 솜씨가 늘어나서 운영회원들은 몇 권의 저술을 갖게 되었으며, 임업(학)계의 어떤 집단보다도 다양한 매체에 원고를 기고하여 우리 사회의 마음에 숲을 심는 일에 동참하고 있음은 물론이다.

아름다운 숲 찾아가기가 끼친 파장

「숲과 문화」의 창간호에 밝힌 첫 사업의 하나인 아름다운 숲 찾아가기는 우리 사회에 넓고 깊은 파장을 남겼다. 우선 숲 체험, 숲 탐방이 하나의 문화·휴양활동으로 확산되어 산림청은 물론이고 여기 저기의 단체들이 시민을 숲으로 유인하는 데 활용하고 있다. 이러한 활동은 마침내 숲 해설가 협회를 탄생시켰다(그 탄생의 배경에는 우리 운영회원들이 적극적으로 간여했던 국민대의 자연환경안내인 양성과정이 있다). 지난 한 해 5만여 명의 시민들이 숲 해설을 들었고, 연인원 1500여명의 숲 해설가들이 해설활동에 참여했다. 우리 사회에 존재하지 않던 일들이 아름다운 숲 찾아가기 때문에 새롭게 생겨난 것이다.

산림문화축제의 효시가 된 하나은행과 함께 해온 '자녀와 함께 아름다운 숲 찾아가기' 행사는 산림청이 전국의 자연휴양림에서 펼치는 '숲 속 문화축제'로 확산되었고, 마침내 '숲 문화 학교'의 시범운영으로까지 이어졌다. 부수적으로 다양한 산림체험 프로그램의 개발과 축적을 가져왔음은 물론이다.

아름다운 숲 찾아가기가 끼친 영향은 또 있다. 그 것은 숲 탐방에 대한 다양한 도서출판으로 이어졌으며, 숲이 문화 상품으로의 변신에 기폭제가 된 점이다.

역시 창간호에 밝혔듯이, 보전해야 할 아름다운 숲에 대한 발굴 사업이 전국적으로 전개되고 있는 점도 아름다운 숲 찾아가기가 끼친 파장이라고 할 수 있다. 산림청과 생명의 숲 등이 주축이 되어 이미 3회 째 아름다운 숲 전국대회를 개최하였으며, 전국의 지방자치단체들이 아름다운 마을 숲, 아름다운 거리 숲, 아름다운 학교 숲, 22세기를 위해서 보전해야 할 아름다운 숲 경연대회에 적극적으로 참여하고 있다. 전국적으로 이미 50여 개소의 아름다운 숲들이 지정되어 시민의 사랑을 받고 있으며, 앞으로도 이 사업은 계속될 것이다.

산림문화기획 단체로 우리 사회에 끼친 영향

문화의 영역을 숲에 접목시키고자 노력했던 우리의 경험은 아이엠에프 경제위기 극복을 위해 우리 사회에 싹튼 시민사회의 산림운동에 운영회원들이 적극적으로 참여함으로써 싱크탱크의 역할을 일정부분 담당했다. 숲이 보유한 문화적 기능을 활용하여 시민사회에 보다 쉽게 다가갈 수 있는 다양한 프로그램을 개발한 덕분에 오늘날 숲 가꾸기 사업, 산림체험 행사, 숲 속 문화축제 등의 프로그램이 전국적으로 확산되는 계기가 되었음은 이미 언급했다.

우리 모임이 주관했던 학교 녹화를 위한 연구 용역은 「숲이 있는 학교」라는 도서로 출판되었고, 우리들의 아이디어는 서울시가 한 해 100억원의 예산을 들여서 학교의 담장을 숲으로 변모시키는데 일조를 하고 있으며, 생명의 숲 가꾸기 국민운동과 산림청, 유한킴벌리의 학교 숲 조성 지원 사업으로 전국의 50여 삭막한 학교가 아늑한 숲으로 탈바꿈하는 계기가 되었다.

산림조합중앙회의 녹색복권 운영위원회, 산림청의 세계 산의 해 행사추진 기획단, 서울시의 생명의 나무 1천만 그루 심기 위원회, 생명의 숲 가꾸기 국민운동의 운영위원회, 산림청과 산림조합중앙회의 산림문화작품 심사위원회, 산림청의 임정자문위원과 숲의 명예 전당 설립위원회 등등 녹색문화사업의 기획 현장에는 위원으로서 우리 모임의 운영회원이 참여하는 것이 일상적인 것처럼 산림문화 기획 단체로 우리 사회의 마음에 숲을 심는데 일조를 하고 있는 일도 기실 「숲과 문화」가 있었기에 가능한 일이다. 또한 산림청의 산림기본계획이나 산림비전21에 산림문화분야가 구체적으로 포함된 사실도 우리 모임이 수행했던 연구 덕분이라고 감히 주장할 수 있다.

매년 개최되는 학술토론회의 영향

산림의 외연을 탈피하지 못하던 임업(임학)계에 산림의 기능과 역할이 얼마나 다양하게 발휘될 수 있는가를 행동으로 보여준 일은 숲과 문화 연구회가 매년 개최하는 학술토론회라 할 수 있다. 숲에다 철학, 종교, 음악, 미술, 문화를 접목시킬 열린 생각을 가진 분들은 임업(임학)계에는 많지 않다. 더구나 그러한 주제를 가지고 토론을 할 수 있으리라 생각하는 것 자체가 고정된 시각에 헤어 나오지 못하는 산림전문가들에게는 쉽지 않은 일이다.

우리들이 매년 개최한 학술토론회 덕분에 '숲과 문화 총서'라는 이름의 책들이 대형서점의 서가를 장식하여 산림과 관련된 주제의 다양성에 일조를 하고 있는 일에 보람을 느낀다. 이러한 보람은 한정된 제작비, 짧은 제작기간으로 완벽한 책을 출판하지 못한 잘못을 덮어버리자는 것은 아니다. 무에서 유를 창조해 낸 추진력과 해보지 않은 새로운 과업에 겁먹지 않고 온몸으로 부딪혀 새로운 영역을 개척하고자 노력한 우리의 자세는 당당하며, 따라서 그에 상응하는 평가를 받아야 할 것이다. 학술토론회의 결과물인 '숲과 문화 총서'가 던진 파장은 우리 사회에 다양한 산림관련 도서 출판에 기폭제가 된 사실에서도 찾을 수 있다.

10년 세월에 대한 개인적 감회

10년 세월에 아쉽고, 부족하고, 고통스럽고, 반성해야 할 점들이 적지 않다. 힘이 되었던 동료들이 떠나간 점이 아직도 아쉽고 후회막급이다. 숲과 문화 연구회를 함께 할 더 많은 동료를 모으지 못하고 있는 현실을 한시바삐 탈피해야 하지만 우리 주변의 여건은 머릿속 생각으로만 맴돌게 할 뿐이다. 굳이 변명을 하자면 봉사와 희생뿐인 이 일을 함께 하려고 나서는 이가 썩 많지 않다는 사실이다. 이 뿐만 아니다.

10년의 경륜을 쌓았지만 여전히 고료 없는 잡지, 다양하지 못한 글에 불만이 따르는 것도 어쩔 수 없는 부끄러움이다.

지난 10년 세월이 가슴 가득 회한만 안겨준 것은 아니다. 숲과 문화를 함께 보는 시도 덕분에 얻은 즐거움, 보람, 긍지가 회한 보다 오히려 더 많았다. 그러기에 10년의 세월을 동료들과 함께 행복한 마음으로 이 일을 계속해 왔는지 모른다. 「숲과 문화」 덕분에 수많은 분들을 알게 된 것은 그 어떤 즐거움보다 큰 기쁨이다. 산림전문가 또는 산림학 교수로 안주했더라면 도저히 만날 수 없었던 수많은 분들을 만날 수 있게 된 그 인연의 끈은 그래서 어떤 무엇과도 바꿀 수 없는 소중한 자산이다. 문화예술 분야에 종사하시는 많은 분들은 나의 스승이 되었고, 어려움을 나눌 수 있는 벗이 되었음은 물론이다.

또 다른 기쁨은 나의 졸렬한 글들에 대한 사회적인 평가에서 찾을 수 있다. 「과학사상」에 수록된 나의 글, '숲에 대한 문화적 인식'을 교수신문사에서 펴내는 「열린 지성」 창간호에 재수록한다는 소식을 들었을 때 경험했던 그 큰 기쁨을 잊을 수 없다. 「숲과 문화」의 지면을 장식했던 글들이 단행본으로 출간되어 세상에 모습을 나타내었을 때도 행복했다. 다양한 언론매체가 나의 책에 관심을 갖던 일도 지난 10년의 일이 없었으면 불가능한 일이다.

나의 책들이 간행물윤리위원회, 한국출판회의, 문화관광부, 환경부 추천도서로 선정되는 기회를 가졌던 일도 즐거움을 안겨주었다. 대통령이 내 책을 읽었다는 신문기사에 흥분했던 경망스러움이나 중학교 국어 교과서에 내가 발표했던 글이 수록된다는 사실을 재삼 확인했던 촌스러움도 오히려 부끄러움보다는 보람과 긍지를 안겨주었다. 6쇄나 판을 거듭하고 있는 『산림문화론』의 출판은 내가 할 수 없었던 첨단

분야 학문에 대한 훌륭한 보상이고, 새로운 영역을 개척했다는 것에 대한 또 다른 자부심이다.

산문(또는 잡문)을 쓰는 즐거움은 또 다른 기쁨도 안겨 주었다. 어줍잖은 글 솜씨 덕분에 숲의 명예전당에 헌정된 4분의 공적을 작성하고 산림헌장 제정에 참여할 수 있는 행운도 얻었다. 우리 숲(점봉산의 천연림과 소광리 소나무 숲)의 아름다움을 서술한 나의 글들이 영어, 일어, 중국어, 프랑스어, 스페인어로 번역되어 세계 곳곳에 소개된 사실도 우리 숲에 대한 보람이요 기쁨이다. 그러나 이 기회에 함께 밝히고 싶은 것은 누구 못지 않게 다양한 매체에 글과 사진으로 우리 숲의 소중함과 아름다움을 열심히 소개하고 있지만 지켜야 할 금도를 벗어날 생각은 없다.

글로서 발표했던 나의 생각과 주장들이 공중파 매체들이 관심을 가져 준 것도 잊을 수 없는 추억이다. 문화 예술계의 존경하던 분들과 어깨를 나란히 우리 숲의 가치와 소중함에 대한 방송 시간을 연속해서 할애 받았던 일은 누구나 누릴 수 있는 기회가 아니었기에 큰 기쁨이었다. 숲과 관련된 녹색문화의 소중함이 교육방송의 '하나뿐인 지구' 프로그램으로 수회 걸쳐 방송된 일이나 평소 우리 사회가 갖고 있는 소나무에 대한 편견들에 대한 무지가 얼마나 잘 못된 것인가를 식목일 특집 프로그램으로 KBS에서 나의 진행으로 방송된 일은 우리 숲이나 우리 소나무에 대한 외침을 우리 사회에서 듣기 시작했다는 징후이기에 기쁨은 컸다.

숲 사진에 매혹되었던 지난 10년은 또 다른 경험을 안겨주었다. 내가 찍은 아름다운 숲 사진이 신문지면에 공익광고로, 그것도 전면으로 실렸던 일이나 한국의 대표적 숲 관련 시민 단체의 홈페이지에 내 사진들이 장식되고 있는 일은 아무나 누릴 수 없는 나만의 행운이다. 지명한 사진작가와 함께 과분하게도 산림문화작품의 사진 부분 심사위원을 맡았던 일도 산림학도로서 쉽게 누릴 수 없는 행운임에 틀림없다. 나의 생각과 나의 연구가 결실을 맺어 산림문화사진전으로 대전 정부 청사를 비롯하여 전국의 다양한 장소에서 내 글과 사진들이 순회 전시된 일도 지난 10년 세월에 쏟았던 정성 덕분이고 큰 기쁨이다.

부끄러움을 무릅쓰고 지난 10년 세월을 반추해 본다. 앞으로 10년 뒤에는 어떤 반성과 회한이 추가될지, 그리고 얼마나 큰 자긍심과 보람과 기쁨이 기다릴지 알 수 없다. 하나 분명한 사실은 숲과 문화를 함께 보는 이 일을 그만두기에는 너무 멀리 왔다는 사실이다.

전영우
경남 마산 태생
고려대학교와 대학원 졸업
미국 아이오와주립대학교 산림생물학 박사학위 취득
현재 국민대학교 산림자원학과 교수
〈숲과 문화〉 발행인(현재)

저서 :「산림문화론」,「숲과 한국문화」,「나무와 숲이 있었네」,
「숲과 시민사회」,「숲과 녹색문화」
편저 :「소나무와 우리문화」
공저 :「아름다운 숲 찾아가기」,「숲이있는 학교」,
「숲 체험 프로그램-이론과 실제」

숲과 녹색문화

초판 인쇄 2002년 12월 26일
초판 발행 2002년 12월 31일
지 은 이 전영우
펴 낸 이 이수용
펴 낸 곳 수문출판사
등 록 1988년 2월 15일 제 7-35호
주소 132-864 서울 도봉구 쌍문3동 103-1
전화 02-904-4774, 02-994-2626 팩스 02-906-0707
E-mail : smmount@chollian.net
Homepage : www.soomoon.co.kr

*잘못된 책은 바꾸어 드립니다.

ISBN 89-7301-517-6 03480